電気事業のいま

Overview 2021

森・濱田松本法律事務所
弁護士　市村 拓斗

はじめに

２０１５年7月に経済産業省での任期付公務員の任期を終え、２０１５年8月から弁護士に復帰しました。それから約6年間にわたり、発電・送配電・小売・ディマンドリスポンス（ＤＲ）の各分野において、電気事業の法律・制度に関する数多くのアドバイスを実施してきました。また、その間、審議会の委員としても各種制度設計の議論に関与してきました。

その中で数多く聞こえてきたのが、「電気事業制度が複雑でよくわからない」「自分の担当業務についてはよく理解しているが、その他の議論にはついていけない」「審議会が多くてどこでどのような議論をしているかキャッチアップしていくのが難しい」といった声でした。

本書は、このような方に向けた、電気事業制度の「いま」に関する本です。

いうまでもなく、各種制度を踏まえた実務対応をするにあたっては、全体像をまずつかむことが重要です。小売全面自由後の各種制度については、大きく分けて、次の2つの視点があると考えています。

①発電・小売・DRの各分野における公正な競争と競争活性化
②安定供給等自由化の下では達成できない公益的な課題への対処
そして、実際には、両者が密接に関連して議論され、制度が形作られています。

例えば、地内系統の先着優先ルールの見直しについては、発電分野における既存の電源と新規電源の公平性を確保するためのものであり、①の公正な競争の確保を目的とした制度といえますが、同時にカーボンニュートラルに向けた再生可能エネルギー（再エネ）の大量導入を目的とした制度でもあり②の面も有するものといえます。

本書では、電気事業制度を把握する上で特に重要な29のテーマごとに「背景」「概要」「今後」として、全体像をつかんでもらいやすいような構成としています。また、「コラム」や「深掘り」など最近のトピックやより実務的な問題についても取り上げています。

本書の活用方法についてですが、全体をきちんと理解することを目的とする方は全体を通じて読んでいただければと思います。もっとも、関心のあるテーマだけをピックアップして読んでいただくのでも構いませんし、全体像を把握する目的だけであれば、まずは背景や概要の冒頭を読んでいただくのもありかと思います。

また、今後も制度の詳細は変更されることがあるかと思いますが、本書で記載した基本的な考え方を押さえておくことは制度の変更内容を理解・把握する上でも重要ですので、まずは、本書を読んでその後の議論を追っていただくことが効率的かと思います。

２０５０年のカーボンニュートラルの実現に向けて、電気事業制度は更に、変化していくことになると思いますが、本書が電気事業制度の「いま」を知り、全体像を把握するきっかけとなり、電気事業に携わるすべての関係者にとって、実務検討の一助になれば嬉しく思います。

目次

略語一覧

【組織・機関の略語】

監視等委員会　電力・ガス取引監視等委員会

広域機関　電力広域的運営推進機関

JEPX　一般社団法人日本卸電力取引所

【審議会の略語】

電力システム改革専門委員会　総合資源エネルギー調査会総合部会電力システム改革専門委員会

マスタープラン検討委員会　広域連系系統のマスタープラン及び系統利用ルールの在り方等に関する検討委員会（広域機関）

広域機関の検証WG　総合資源エネルギー調査会 電力・ガス事業分科会 電力・ガス基本政策小委員会電力広域的運営推進機関検証ワーキンググループ

電力・ガス基本政策小委員会　総合資源エネルギー調査会電力・ガス事業分科会電力・ガ

ス基本政策小委員会

制度検討作業部会　総合資源エネルギー調査会 電力・ガス事業分科会電力・ガス基本政策小委員会制度検討作業部会

内閣府再エネタスクフォース　再生可能エネルギー等に関する規制等の総点検タスクフォース（内閣府）

大量導入小委員会　総合エネルギー調査会省エネルギー・新エネルギー分科会／電力・ガス事業分科会再生可能エネルギー大量導入・次世代電力ネットワーク小委員会

レジリエンスWG　総合資源エネルギー調査会電力・ガス事業分科会 電力・ガス基本政策小委員会／産業構造審議会 保安・消費生活用製品安全分科会 電力安全小委員会合同電力レジリエンスワーキンググループ

電力レジリエンス小委員会　総合資源エネルギー調査会 電力・ガス事業分科会脱炭素化社会に向けた電力レジリエンス小委員会

構築小委員会　総合資源エネルギー調査会基本政策分科会持続可能な電力システム構築小委員会

廃棄費用等WG　総合資源エネルギー調査会省エネルギー・新エネルギー分科会 新エネ

ルギー小委員会太陽光発電設備の廃棄等費用の確保に関するワーキンググループ

【報告書の略語】

需給ひっ迫等検証の取りまとめ（案）　２０２０年度冬期の電力需給ひっ迫・市場価格高騰に係る検証中間取りまとめ（案）（２０２１年４月、電力・ガス基本政策小委員会）

価格高騰検証取りまとめ　２０２０年度冬期スポット市場価格の高騰について（２０２１年４月28日、監視等委員会制度設計専門会合）

制度検討作業部会中間とりまとめ　電力・ガス基本政策小委員会制度検討作業部会中間とりまとめ（平成30年７月、制度検討作業部会）

経過措置料金に関するとりまとめ　電気の経過措置料金に関する専門会合とりまとめ（平成31年４月23日、監視等委員会電気の経過措置料金に関する専門会合）

【ガイドラインの略語】

小売営業ＧＬ　電力の小売営業に関する指針（平成28年１月制定、令和３年４月１日最終改定、経済産業省）

適取ＧＬ　適正な電力取引についての指針（令和3年3月30日、公正取引委員会・経済産業省）
既存契約見直し指針（容量市場）　容量市場に関する既存契約見直し指針（案）（２０１９年3月19日、第30回制度検討作業部会資料４―２）
既存契約見直し指針（非化石）　非化石価値取引市場に関する既存契約見直し指針（案）（２０１９年10月28日、第35回制度検討作業部会資料３―２）
費用負担ＧＬ　発電設備の設置に伴う電力系統の増強及び事業者の費用負担等の在り方に関する指針（令和3年2月1日、資源エネルギー庁電力・ガス事業部）
系統情報公表ＧＬ　系統情報の公表の考え方（令和3年5月最終改定、資源エネルギー庁電力・ガス事業部）

【法律の略語】
電気事業法　電気事業法（昭和39年法律第１７０号、その後の改正を含む）
再エネ特措法　電気事業者による再生可能エネルギー電気の調達に関する特別措置法（平成23年法律第１０８号、その後の改正を含む）

国家行政組織法　国家行政組織法（昭和23年法律第１２０号、その後の改正を含む）
消費者契約法　消費者契約法（平成12年法律第61号、その後の改正を含む）
特商法　特定商取引に関する法律（昭和51年法律第57号、その後の改正を含む）
景表法　不当景品類及び不当表示防止法（昭和37年法律第１３４号、その後の改正を含む）
個人情報保護法　個人情報の保護に関する法律（平成15年法律第57号、その後の改正を含む）
不正競争防止法　不正競争防止法（平成５年法律第47号、その後の改正を含む）
独占禁止法　私的独占の禁止及び公正取引の確保に関する法律（昭和22年法律第54号、その後の改正を含む）
下請法　下請代金支払遅延等防止法（昭和31年法律第１２０号、その後の改正を含む）
エネルギー供給構造高度化法　エネルギー供給事業者による非化石エネルギー源の利用及び化石エネルギー原料の有効な利用の促進に関する法律（平成21年法律第72号、その後の改正を含む）
温対法　地球温暖化対策の推進に関する法律（平成10年法律第１１７号、その後の改正を

含む）
商品先物取引法　商品先物取引法（昭和25年法律第２３９号、その後の改正を含む）
金融商品取引法　金融商品取引法（昭和23年法律第25号、その後の改正を含む）
計量法　計量法（平成４年法律第51号、その後の改正を含む）
エネルギー供給強靭化法　強靭かつ持続可能な電気供給体制の確立を図るための電気事業法等の一部を改正する法律（令和２年法律第49号）
再エネ海域利用法　海洋再生可能エネルギー発電設備の整備に係る海域の利用の促進に関する法律（平成30年法律第89号、その後の改正を含む）
港湾法　港湾法（昭和25年法律第２１８号、その後の改正を含む）

第1章　電気事業の変遷といま

～著者に聞く

電力やエネルギーは安定した社会や暮らしの維持に必要不可欠な財であり、供給体制や事業の在り方についても、その時々の経済・社会情勢の要請に応えるべく、見直しが行われてきました。これまでの改革の流れやポイント、現在直面している課題をたどりながら、見えてきた「電気事業のいま」の全体像について市村弁護士に解説していただきました。（編集＝電気新聞）

始まりは9電力体制

――電気事業体制はこれまでに何度かの改革を経ています。これまでの歩みをどのようにみていますか。

電気事業改革というと、ここ30年ぐらいの電力の市場化や小売りの自由化などをイメージすると思いますが、本当のスタートは1951年の9電力体制の発足と考えています（※）。戦前の小規模事業者の乱立から戦中の国有化を経て、戦後の復興、日本の経済成長をどう遂げていくかという構想の下で作り上げた地域独占と総括原価のシステムは、大きな改革といえるものだと思います。当時は国民の痛みを伴う電気料金の値上げをしたり、

大変な反発があったようですが、反対があってもやり抜いた。この体制があればこそ、戦後の日本全体の復興や高度成長、電力需要の増加に効率的に対応できた。やはり、ここで日本の電気事業の基礎が築かれたといえます。

その後、安定成長期に入りましたが、電気料金が諸外国と比較して高いこと等が指摘されるようになり、また、海外での公益サービスの民営化などの流れも背景に、第一次の改革となる発電事業への参入が始まりました。（第2章第1節1参照）ここでは自家発などでノウハウを持つ鉄鋼や化学などの事業者という競争の担い手と電力会社との競争によるコスト低減効果が期待されていましたが、その次のステップ、小売部門の部分自由化で初めて、需要家をターゲットとした競争という意識が持ち込まれました。

この動きに伴って、送配電ネットワークを「電力会社以外」も利用することになり、競争の公平性や透明性、中立性の観点から、ネットワーク利用のルールの見直しに着手。現在の電力広域的運営推進機関（広域機関）の前身となる、電力系統利用協議会（ＥＳＣＪ）の発足といった動きが出てきました。小売電気事業者の電力調達をより活発化する目的で、日本卸電力取引所（ＪＥＰＸ）が立ち上がったのも、こうした流れです。

次の第４次改革では電気事業法の改正は行われず、時間前市場の創設などにより競争環境整備が進められましたが、２０１１年の東日本大震災と東京電力福島第一原子力発電所事故によりこれまでの電気事業の在り方が問われることになりました。これを機に、電力システム改革として全体を見直す議論が行われました。この結果、いずれも電事法の改正を伴う3段階での改革が行われました。第1段階は２０１５年の広域機関創設、次に２０１６年の小売全面自由化、そして２０２０年の法的分離です。

（※）9電力体制とは、北海道・東北・東京・中部・北陸・関西・中国・四国・九州の9つの民間電力会社による電力供給体制をいいます。各地域に一つの電力会社が発電・送配電・小売を一貫して行う地域独占と、電気の安定供給に必要な費用をもとに電気料金を決定する総括原価方式が前提となっています。１９７２年の沖縄返還後は沖縄電力が加わり、10電力体制となりました。

――その後、２０２０年6月には「エネルギー供給強靭化法」（第2章第1節7参照）も成立しました。この法改正で目指すところが次の改革ということでしょうか。

エネルギー供給強靭化法は、また新たな課題への対応といえます。これまでの一連の改革では、競争の活性化とそれによるコストの低減、これを支える安定供給の維持が軸になっていました。一方でエネルギー供給強靭化法は、再エネの導入拡大への対応と災害対応力の強化という、自由競争の下では達成されないより広範な公益的課題を電力システムに取り込むことが大きな目的になっている。これは、脱炭素化社会へのシフトという新しい社会課題への対応にもつながっていくものとみています。

プレーヤーの多様化

――こうしてみると、自由化とそれに伴う一連の改革で、電気事業全体の姿、プレーヤーの姿も変わってきたようです。

当初は、安定供給の確保を前提として、競争の導入によるコスト低減をいかに図るかということでしたが、小売全面自由化により需要家の選択肢の拡大といった側面も注目されました。更には、近時では、再エネの大量導入や災害対応といったレジリエンスの強化などの安定供給の確保に留まらない公益的な課題への対処も重要になってきました。何をもって改革の成果を評価するのかというのはいつも話題になるところですが、電力という財の特性上、本来は、商品の差別化が難しく、しかも同時同量など管理の面でも手間がかかるなどの制約があるにも関わらず、各種施策により、多くのプレーヤーが電力・エネルギー市場に参入し、競争が活発化しているということは確かでしょう。

いま、電力ビジネス領域では、役割ごとに多くの事業類型が存在しています（第2章第1節6参照）。競争上の公平性・透明性担保のため分離すべき事業、自然独占を継続する事業など、その事業内容に応じて、果たすべき役割や義務、事業許可を受けるための要件などが法的に規定されています。

例えば、小売電気事業者は登録制になっています。消費者保護の観点もあり、事業参入のハードルをどう設定するかは難しいところだと思いますが、法的に考えると許可制というのは「原則禁止」の領域に許可を与えた事業者だけが可能ということになります。自由化分野に許可制はなじまない一方、届け出制では緩い。供給能力の確保や消費者保護の観点も踏まえ、一定の審査を行う登録制としたということです。

エネルギー供給強靭化法で新しく設けられた「アグリゲーター」（特定卸供給事業者）と「配電事業者」のライセンスを例にみても、アグリゲーターは分散型エネルギーをまとめ、ポジ・ネガ双方の電力の卸供給を行うという機能から、発電事業者と同様に届け出制となります。一方、配電事業ライセンスは、対象区域の既存の一般送配電事業者の送配電設備を使って一般送配電事業者の供給区域の一部を担う事業になります。このため一般送配電事業者同様のレベルの技術力や安定供給を維持する能力が必要になり許可制で厳しく審査されます。さらにいえば、再開発などの際に活用されることのある、自ら送配電線を敷設し、維持管理する特定送配電事業については「新たに自営線を引くのと同様に考えられる」として、二重投資を防止する観点から変更命令を出せるようになってはいますが、届け出制としています。

新たな課題

――ここから、課題をいくつかのポイントに分けて分析していただきたいと思います。まずは「競争の促進」「電気の市場化」という点について。

全面自由化以前、市場は競争を活性化する手段と位置付けられていましたが、小売市場が完全に自由化され、非化石価値や容量価値（kW）、また調整力（需給調整市場、ΔkW）などのさまざまな電気の価値についても、市場を通じて効率的に調達することを目的として各種市場が創設されています。

もっとも、市場原理を活用するとすれば、その時々の市場において取引されるものの価値で取引されることが基本ですが、電力市場は、自然独占から解放された市場でもあり、そうすると旧一般電気事業者による市場支配力行使の懸念が残る。その点を重視すると、旧一般電気事業者は、その価値を提供するために必要なコストベースでの対応が基本的に求められることになります。この点は、なかなか難しいところですが、それが全て正しい在り方かも含め、実態から学び、少しずつ改善していくことが必要となるのではないでしょうか。

――次に「送配電ネットワーク利用のルール」についてです。かなり複雑になっているように感じますが、事業者にとっては重要なルールばかりですね。

シンプルに考えれば、「今あるネットワーク設備を、最大限、効率的に使おう」ということだと思います。新たな地内系統利用ルール（第２章第３節３参照）で取り入れた制度は、これまで一定程度保守的に運用していたルールを、実際の利用状況に合わせて最大限合理的に使っていくという発想です。今後、再エネ電源を拡大していくためには、ネットワークへの接続量を増やさなければなりませんが、やみくもに設備を増強するのではなく、従来のルールを変え、より効率的に運用することで設備コストは抑えるという考え方です。

ただ、再エネ電源の系統接続量を増やすというのは、脱炭素だけでなく、コスト削減というメリットもあります。これが「先着優先からメリットオーダーへ」（第２章第３節２

参照）という考え方につながるのですが、その時々の発電コスト順で接続の可否がすべて決められてしまうと、事業者にとっては投資の予見性が損なわれてしまうため、情報の公表等も大切となってくる。また、先着優先ルールの下で接続枠を確保し、投資判断した事業者にとっては事後的なルール変更により損害を被る可能性があるため、このあたりのバランスを保ちながら、できるだけ公平で効率的な制度を形作っていくことが求められていると思います。

再エネが促す変革

――その「再エネの大量導入」政策は、電力・エネルギー事業の在り方そのものに、大きな変革を迫っています。

いま申し上げたところもそうですが、再エネを既存の電力システムの中に大量に導入するためには、従来のルールや仕組みを見直していくことが今後も必要になると思います。加えて、ＦＩＴ（再エネの固定価格買取制度）からＦＩＰ（Feed in Premium）へと制度が変わり（第２章第４節１参照）、再エネのコスト支援を中長期的にできるだけなくしていく方向です。FIT創設当初は固定価格で買い取りを行うことによって普及を加速し、コストを下げていくという狙いでしたが、コスト低減効果と国民負担とのバランスを勘案し、今後はできるだけ再エネも市場化、自立化していくという方向といえます。

再エネの活用については、潮目がだいぶ変わってきたように感じています。カーボンニュートラルへの流れが加速する中で、「もっと再エネの電気がほしい」という需要家の声が急速に高まっています。特に、グローバル展開を行っている大企業を起点にこうした声が広がりつつあり、政治や行政にもダイレクトに届いている。そうなると再エネ電源自体がもっと必要になり、これを直接買いたいという需要家と発電事業者とで結ぶ「コーポレートPPA」（第2章第4節3参照）という契約形態も活発化しています。従来、電源側の支援なくして成り立たなかった再エネの普及が、需要側のニーズにより広がりを見せる勢いを感じます。これにより、再エネの自立化の動きも加速化することが期待されます。

――再エネ発電の増加や分散型エネルギーの活用拡大は、技術イノベーションやデジタル化などの効果も大きいと思います。また、これらの技術革新が電気事業者にとって新たなビジネスの芽をもたらすように思いますが。

そうですね。例えば電気の価値を細分化して、それぞれを市場取引する仕組みも始まっているわけですが、世の中に埋もれていたエネルギー資源を細かく捕捉し、統合制御して運用できるようになってきた。これはデジタルなどの技術革新による効果で、社会全体でみると大きな効率化になると思います。

こうした技術を活用した分散型エネルギーの担い手が増えれば、電気事業領域のプレーヤーの顔触れも変わってくるでしょう。事業者の構造変化やシステムの変更に伴い、ゆくゆくは電力系統の安定供給維持の考え方にも影響してくると思います。

新たなビジネスモデルの創出を支援する目的では、需要家の電力データの活用に関するルール整備や計量法の見直しなども進んでいます。太陽光発電や蓄電池を持つ需要家にとっては直接、別の需要家と電力の売買ができるP2P（ピア・ツー・ピア）取引は現行制度下では認められていません。現在のシステム下においては、小売電気事業者を間に介在させる形で一部バーチャルには行われていますが、もし、こうした仕組みを実装していくニーズが今後増えてくれば、制度の見直しも必要になるでしょう。その場合には、技術的なポイントだけでなく、消費者保護の問題などもきちんと検討していく必要があります。

電力データの活用についていえば、新たなビジネス領域の拡大につながる面、また小売電気事業者としての需要家サービスの多様化・向上などのメリットもありますが、社会的・公益的な課題に電気事業がどう貢献していけるのかということでも、大きな意味があると考えています。高齢者や子どもの見守り、また宅配の不在率低減などは社会の安全や効率的運営につながりますが、犯罪行為を促す可能性もある。貴重なライフログである電力データをどう活かすか、これもまた、規制やルールの作り方にかかってくると思っています。

全てのプレーヤーに責任

——最後に、これからの電気事業にとって重要なことは何だとお考えでしょうか。今、電気事業で働く人、またエネルギーに興味を持ち、これから関わっていこうという意欲のある人など、読者の方々に対してメッセージを。

自由化によって競争が進み、多くの事業者が参入している今の電気事業をみていて感じるのは、「すべてのプレーヤーが、自らに課された役割や義務に対し、きちんと責任を果たす」、これがとても重要だということです。当然、負担ばかり負わされるのでは魅力のない市場になってしまいますので、全体を活性化させる施策とバランスをとりながらになりますし、プレーヤーだけでなく、需要家側もまた、そうしたマインドを持つことが必要になってくると思います。

負担や義務が一部に集中するようなゆがみは、市場の健全で継続的な発展につながりませんし、役割や機能が細分化されていく中で、個々の事業者がルールを守らなければ、それをカバーする際に無理が生じる。こうしたことが一番顕著に表れるのが原子力の在り方を含めた安定供給の面といえます。今、一番懸念されているところでもあり、中長期的にも、非常に重要な視点だと思います。

――広範にわたり、お話をありがとうございました。

第2章　新制度の論点

第1節　制度改革

1　電力システム改革の始まり

ポイント
・電気料金の低減を目的に競争原理を導入
・電力システム改革では、3段階に分けて法律を提出・成立
・需要家の選択肢の拡大も目的に

東日本大震災を契機に電力システム改革が行われていますが、それ以前も改革が行われてきました。電力システム改革が行われる前の電気事業分野における改革は、大きく分けて、次のとおり、4つの段階に分けることができます。

・第一次改革（１９９５年電気事業法改正）

１９５１年の９電力体制以後、高度経済成長を支えてきた垂直一貫体制と総括原価方式ですが、安定成長期に入りグローバル化が進むと諸外国と比較して電力の高コスト構造が指摘されるようになりました。当時は、レーガノミクスやサッチャーリズムの動きなどにより民営化が諸外国でも進められ、日本においても国鉄や日本電信電話公社の民営化といった改革が進められていました。そのような社会情勢の中で、電気事業に対する規制改革の重要性も指摘されるようになりました。

この波を受けて電気事業法が１９９１年、31年ぶりに改正されたのが、第一次改革となります。

この電気事業法改正により、卸電気事業分野における参入許可が原則として撤廃されました。すなわち、東京電力株式会社（当時）や関西電力株式会社などの一般電気事業者が行う卸電力入札に応募し、落札することにより、一般電気事業者や卸電気事業者（電源開発株式会社、日本原子力発電株式会社）以外の独立系の発電事業者（ＩＰＰ）の参入が認められることになりました。また、いわゆるミニ一般電気事業者といわれ、特定の区域で安定供給の責任を負う「特定電気事業者」が創設され、六本木ヒルズに電気と熱を供給する六本木エネルギーサービス株式会社などの参入が進みました。
この改革は、比較的一定の資本力のあるプレーヤーの参入を想定していたといえます。
・第二次改革（1999年電気事業法改正）
1999年の電気事業法改正により、2000年には大規模工場等の特別高圧（2000kW以上）の需要家を対象とした部分自由化が行われ、これにより特定規模以上（＝2000kW以上）の需要家に電気を供給する事業として「特定規模電気事業」が電気事業の類型に追加されました。併せて、自由化に伴い特定規模電気事業者が一般電気事業者の送配電線を利用することを可能とすべく、「託送制度」が新たに創設されました。
・第三次改革（2003年電気事業法改正）
2003年の電気事業法改正により、2004年には中小ビルや中規模工場等の高圧需要家のうち500kW以上の需要家を、2005年には小規模工場等も含めた全ての高圧（50kW以上）の需要家を対象とした電力小売の部分自由化が実施されました。

このような自由化分野の拡大に伴い、旧一般電気事業者の送配電部門の中立性を確保する要請が高まり、差別的取扱いの禁止といった行為規制（第1節5の「背景」参照）や送配電等業務の支援機関として電力系統利用協議会（ESCJ）が設立されました。また、

表１　電力システム改革の概要

	成立時期	施行時期	概　要
第１段階	2013年 11月13日	2015年 ４月１日	広域機関の創設 （改革プログラムも併せて規定）
第２段階	2014年 ６月11日	2016年 ４月１日	小売全面自由化の実施
第３段階	2015年 ６月17日	2020年 ４月１日	法的分離の実施

電力の調達環境を整備する観点から、ＪＥＰＸが２００３年に設立されました。当初は、スポット市場（翌日に発電する電気を取引する市場）と先渡市場（将来の一定期間に受け渡す電気を取引する市場）の２つの市場が開設されました。

・第四次改革（２００８年）

電気事業法の改正は行われませんでしたが、時間前市場（スポット市場の閉場後における不測の需給ギャップに対応するための市場）の創設などが行われ、競争環境が整備されました。

この改革では、時間前（4時間前）市場の創設や、同時同量制度やインバランス料金制度の見直しが行われました。

その後、２０１１年3月の東日本大震災を契機として、電力システム改革専門委員会において、電力システムのあるべき姿の議論が行われ、２０１３年2月に報告書が取りまとめられました。この報告書を踏まえて、２０１３年4月2日に電力システムに関する改革方針が閣議決定され、その後3回に分けて国会において電気事業法の改正法案が審議され、それぞれ成立しました。電力システム改革の概要については、**表1**をご覧ください。

電力システム改革の目的としては、「安定供給の確保」、「電気料金の最大限の抑制」、「需要家の選択肢や事業者の事業機会の拡大」の3つが挙げられています。

以下、2〜4において、各段階における改正の具体的な背景や概要等を解説します。

2　電力広域的運営推進機関

ポイント

・電力システム改革の第1段階
・広域的な電力融通を目的
・自由化及びエネルギー供給強靱化法の成立により権限拡大

背景

２０１1年3月の東日本大震災の際に東京電力管内においては、計画停電が行われ国民生活に大きな影響を与えました。この計画停電は、他の旧一般電気事業者の供給区域における余剰電力を東京電力管内に効率的に融通することができず、東京電力管内で不足する電力の手当てができなかったことにより発生したものです。この効率的な融通ができなかった原因としては、「電力系統の運用が旧一般電気事業者の供給区域単位で行われていたこと」、「広域的な電力融通を前提とした設備形成がなされていなかったこと（東西の周波数変換設備や旧一般電気事業者間の地域間連系線容量に制約があること）等」が挙げられています。

東日本大震災の時点でも、送配電設備の利用における公平性・中立性・透明性の確保を目的として、送配電等業務の支援機関である電力系統利用協議会（ＥＳＣＪ）が存在していましたが、広域的な電力の融通という観点からは、ＥＳＣＪが有効に機能していたとはいえませんでした。

このように、全国規模での最適な電力需給構造を構築する視点に乏しかった電力供給システムを見直し、供給区域を越えた電源の効率的な活用や緊急時における供給区域間の電力融通を柔軟に行うことができる環境を整備することが必要とされていました。

概要

２０１５年4月、地域間連系線等の増強の推進や需給逼迫時における地域間の需給調整等を通じ、全国大での広域的な送電ネットワーク（系統）の整備・運用を行う組織として広域機関が創設されました（※[1]）。これは、電力システム改革の3段階の改正の第1段階の改正法に基づき設立されたものです。

広域機関の設立当初の主な業務としては、４つが挙げられます。

①需給計画・系統計画を取りまとめ、周波数変換設備、地域間連系線等の送電インフラの増強や供給区域を越えた全国大での系統運用等を図る

②平常時において、各供給区域の送配電事業者による需給バランス・周波数調整に関し、広域的な運用の調整を行う

③災害等による需給逼迫時において、電源の焚き増しや電力融通を指示することで、需給調整を行う

④中立的に新規電源の接続の受付や系統情報の公開に係る業務を行う

また、創設以後、地域間連系線利用ルールの策定（間接オークションの導入）にはじま

表2　エネルギー供給強靭化法において追加された広域機関の業務

災害関係
①　一般送配電事業者が作成する災害時連携計画の内容の確認 ②　災害復旧費用の相互扶助制度の運用
系統関係及び再エネ特措法関係
③　広域系統整備計画の策定・国への届出。計画に位置づけられた地域間連系線等整備費用の一部への再エネ賦課金方式の交付金等の交付 ④　FIT 制度に関する交付金の交付 ⑤　FIP 制度に関するプレミアムの交付 ⑥　太陽光パネル等の廃棄費用の積立金の管理

出所：広域機関の検証 WG 資料

り、容量市場の制度設計を行うと共に、その実施主体となり、日本版コネクト&マネージの検討・実施を行うなど（※2）、広域機関の役割が順次拡大しています。

（※1）ＥＳＣＪは、広域機関の創設によりその役割を終え、２０１５年３月に解散しています。

（※2）その他の業務としては、需給調整市場の導入に向けた検討、電源接続募集プロセスの実施やグリッドコードの整備、防災業務等が挙げられます。

今後

災害の激甚化や再エネの普及に伴う系統制約等といった課題を踏まえ、今後、電力系統は、レジリエンスを強化しつつ、再エネ大量導入に対応した、次世代型の電力ネットワークへの転換が必要となっているといえます。

こうした中で、広域機関では、現在、全国大の送電網の増強方針を示すマスタープランの策定を進めるとともに、送電線の利用ルールの見直しの検討を含めた日本版コネクト&マネージの検討が行われているところです。

また、エネルギー供給強靭化法により、広域機関の業務にＦＩＴの資金管理や災害対応の相互扶助制度の運営など、従来では対応してこなかった多額の資金管理を伴う新たな業務も加わることが予定されているところです。また、これに併せて借入や広域機関機関債の発行権限や広域機関の借入等に対する政府保証などの規定が整備されています。

こうした状況を踏まえ、資源エネルギー庁における広域機関の検証ＷＧにおいては、今後、広域機関の機能強化を図る観点から、「ガバナンスの強化」、「透明性の向上」、「情報分析・発信機能の強化」を進めていくことが示されています。

２０５０年カーボンニュートラルの実現に向けては、再エネを最大限導入するとともに安定的なエネルギー供給を確立するためには、更なる需給調整機能の強化を図ることが重要であり、広域機関が果たす役割はより一層重要となるといえます。

3　小売全面自由化

ポイント
- 電力システム改革の第2段階
- 需要家保護が重要
- セーフティネットの存在・競争の着実な進展と課題への対処

背景

小売部門の全面自由化は、電力システム改革に先立つ電気事業分野の第三次改革（２００３年電気事業法改正）において、将来的な検討課題とされました。続く第四次改革（２００８年）においても全面自由化は見送られ、５年後の２０１３年をめどに範囲拡大の是非について改めて検討することとされました。先に述べたとおり、東日本大震災を契機に電力システム改革専門委員会で議論が行われ、電気事業法の改正を経て、２０１６年４月から小売全面自由化が開始されました。

概要

第２段階の改正法により措置された小売全面自由化は、従来の高圧・特別高圧の分野に加えて、日本全体の消費電力量の４割を占める家庭等の低圧分野への電気の供給を自由化することがその内容となっています。小売全面自由化により新たに開放された市場の規模は、約８兆円ともいわれています。

（１）需要家保護のために小売電気事業者等に課される規制

低圧分野は家庭等が対象となるため、需要家の保護がより一層重要となります。そのため、小売電気事業者に対しては、次の需要家保護のための規制が課されています。

①供給条件の説明義務（第2条の13第1項）
②説明時・契約締結後書面交付義務（第2条の13第2項、第2条の14第1項）
③苦情等処理義務（第2条の15）
④名義貸しの禁止（第2条の16）
⑤事業休廃止時の周知義務の措置（第2条の8第3項）

なお、①及び②については、小売供給契約締結の媒介・取次ぎ・代理を業として行う者にも同様の規制が課されており、条文上は明確ではないものの、小売電気事業者とこれらの者（以下、総称して「小売電気事業者等」）いずれかが義務を履行すれば、両者の義務が履行されたものとみなされることとなります。

それでは、小売全面自由化により、なぜ需要家保護の観点から小売電気事業者等に対して①及び②の義務が課されることが必要となったのでしょうか。

小売全面自由化前においては、小売供給契約を結ぶ際に供給約款等を確認してその供給条件を確認した経験のある人はごく少数の方に限られるのではないかと思います。例えば、引っ越しの際は電話一本で済ませることの方が多かったと思われます。かくいう筆者も供給約款等を確認したことはありませんでした。

これは、小売全面自由化前は、基本的には料金を含めた電力の供給条件が記載されている供給約款を国（経済産業大臣）が認可をすることとされており、その認可の際に、料金その他の供給条件の適切性・妥当性を国（経済産業大臣）が確認することとなっていたためです。従って、小売全面自由化前は供給を受ける際にその条件の確認をすることは基本的には想定されていなかったといえます。

しかしながら、小売全面自由化により、経過措置料金規制が残る部分を除き、供給条件の認可が行われません。一方で、小売電気事業者等は自由に料金メニューを作ることが認められているため、需要家にとっては、多様な事業者による多様なメニューをきちんと理解することが小売供給契約を締結する前提として不可欠となります。

そのため、小売電気事業者等に対しては、供給条件に関する説明及び書面交付が義務付けられことになったのです。なお、規制のきっかけは家庭等が自由化の対象となる低圧部門の自由化ですが、需要家自らが供給を受ける電力の供給条件について十分理解したうえで小売供給契約を締結することの重要性は個人であっても法人であっても変わりません。そのため、小売全面自由化に際し、個人・法人問わず説明義務・書面交付義務が課されています。

（2）経過措置料金規制、最終保障・離島供給

小売全面自由化の下では、前記の規制の下で自由に競争がされることが前提となりますが、競争が不十分な中で電気料金の自由化を実施した結果、電気料金の引上げが生じたのでは、自由化の意味がなくなることになります。このような事態を防止するため、低圧の部門についいては、経過措置として一定期間、市場支配的地位を有する旧一般電気事業者が

行う小売供給のうち、自由料金を選択しない需要家に対するものについては、料金規制（以下「経過措置料金規制」）を継続することとされています。

この経過措置料金規制は、２０２０年4月時点において、解除するかの議論が監視等委員会において行われましたが、競争が比較的進んでいる東京・関西エリアを含めてすべてのエリアで引き続き継続することとされています。この経過措置料金規制に基づく供給を「特定小売供給」といいます。

また、小売全面自由化後においては、経過措置料金規制に基づき電気を供給する場合を除き、小売電気事業者は、電気を供給する義務を負いません。そのため、誰からも電気の供給を受けられない需要家がいた場合のセーフティネットとして、電気事業法は、規制部門である一般送配電事業者に対して、このような需要家に対する電気の供給を行うことを義務付けています（最終保障供給義務、電気事業法第17条第3項）。経過措置料金規制が現在も課されている低圧の部門は、最終保障供給義務の対象外となっています。最終保障供給はセーフティネットであることから、経過措置料金規制と異なり、料金が割高に設定されています。

以上のほか、本土と系統が繋がっていない離島においては、離島におけるディーゼル発電機等を稼働して電気を供給するため、発電原価が高いという特徴があります。そのため、離島における電気の供給を自由競争に任せてしまうと、電気料金が高くなり、かつ、離島において電気を供給する事業者がいなくなってしまう可能性もあります。そのため、電気事業法は、規制部門である一般送配電事業者に対して、離島の需要家に対しても、他の地域と遜色ない料金水準で電気を供給することを義務付けています（離島供給義務、電気事業法第17条第3項）。

以上のように、小売全面自由化の下では、自由競争を前提としつつも、必要となるセーフティネット等についての制度的措置が併せて講じられています。

（3）全面自由化後の状況

小売全面自由化後、新電力のシェアは徐々に増加しています。2021年2月時点では、販売電力量ベースでは、総需要の約19・8％、特別高圧需要の約8・9％、高圧需要の約25・8％、低圧需要の約20・9％となっています（監視等委員会「電力取引報結果」より）。供給区域ごとに競争の進展度合いに違いはありますが、自由化は着実に進展していると評価できます。

また、この新電力のシェアには、旧一般電気事業者の子会社の供給区域外におけるシェアも含まれますが、小売全面自由化が決定される前までは、旧一般電気事業者による供給区域外の供給が1件しかなかったことを踏まえると、供給区域を超えた旧一般電気事業者同士の競争も進みつつあると評価できるところです。

なお、スポット市場を通じた取引についても、小売全面自由化前は総需要のわずか2％程度でしたが、グロス・ビディング（第2節8参照）や地域間連系線の利用に関する間接オークションの導入（第3節2参照）等の政策的な措置もあり、最近では、総需要の40％を超える水準で推移しています。

今後

自由化の下では、競争環境を整備することと共に、安定供給の確保やCO_2の削減等の公益的課題への対処とのバランスを取ることが重要となります。これらについては、小売全面自由化直後から、資源エネルギー庁、監視等委員会や広域機関において様々な議論が進められているところです（第2節等参照）。

深掘り スイッチング支援システム

小売全面自由化の下では、競争の活性化の観点から、電力の供給先を円滑に切り替えることができることが極めて重要となります。その観点から、広域機関の下に設けられたのが、スイッチング支援システムとなります。

スイッチング支援システムにおいては、円滑な切り替えを進めることが特に重要な「低圧需要家」、「契約電力が500kW未満の高圧需要家」、「低圧FIT電源の発電設備設置者」、「卒FIT電源の発電設備設置者」が対象となっています。

そして、スイッチング支援システムの中でも電力の供給先の切り替えを直接行うのが、「スイッチング廃止取次」となります。このポイントは、電力の切り替えをしたいと思った場合に、需要家が供給を受けている小売電気事業者に直接解約を申し出る必要がない仕組みとなっている点にあります。

すなわち、新たな小売電気事業者（以下「新小売電気事業者」）と小売供給契約を締結するためには、現に供給を受けている小売電気事業者（以下「旧小売電気事業者」）との間の小売供給契約を解約することが必要となります。この解約の申出を需要家から委任を受けた新小売電気事業者が需要家に代わってシステムを通じて行う仕組みがスイッチング廃止取次となります。

スイッチング廃止取次においては、まず、新小売電気事業者は、本人確認に必要な情報をシステムに登録します（送配電等業務指針第260条第2項）。旧小売電気事業者は、平日の営業時間内において、1時間に1回以上、システムトラブルがない限りは、新小売電気事業者からの廃止取次の申込みの有無を確認することとされており（送配電等業務指針第260条第3項）、本人確認情報の一致が確認できた場合は、特別の事情がない限りは、速やかにスイッチング廃止取次を可とする旨の回答をすることが求められています（送配電等業務指針第260条第4項）。

これにより、円滑なスイッチングが可能となるのです。

深掘り　高圧一括受電モデル

●高圧一括受電が認められる背景・理由

最終需要家へ電力を供給するためには、原則として、小売電気事業の登録が必要と

図１　高圧一括受電のイメージ

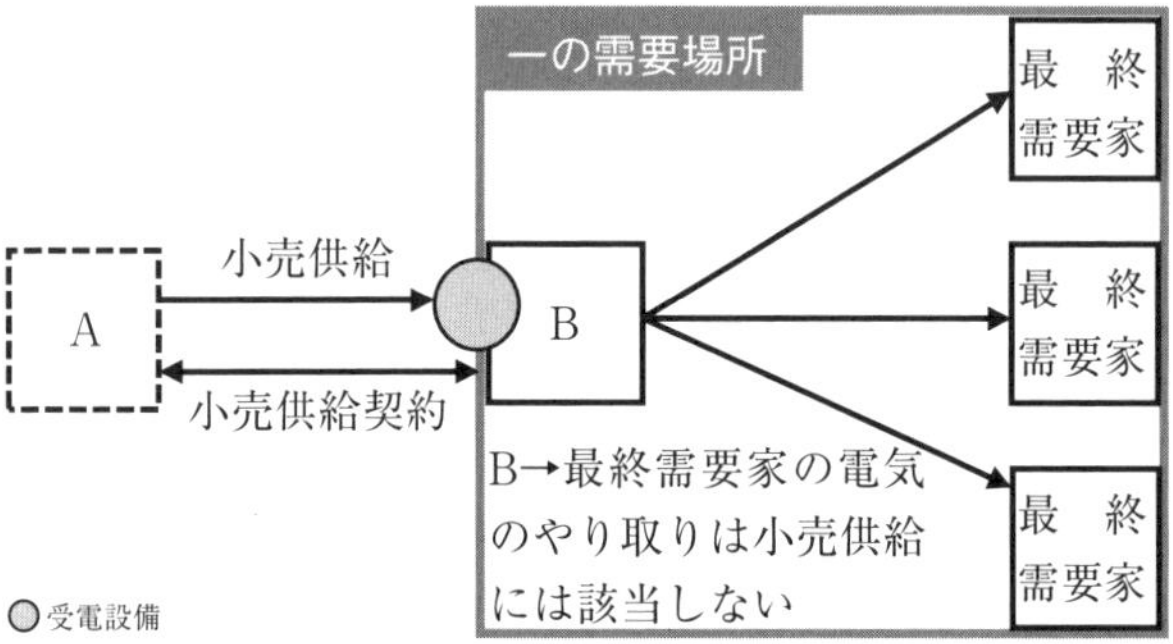

なり、電気事業法上の説明義務や書面交付義務が課されます。もっとも、マンションやオフィスビルにおいて、高圧一括受電業者が受電設備を所有又は維持・管理を行っている場合、その高圧一括受電業者は、小売電気事業の登録をせずに受電設備で受電した電力を最終需要家に対して供給することが認められています。

高圧一括受電については、低圧で電気を供給してもらう場合より高圧で電気を供給してもらう場合の方が託送料金が安いことから、小売全面自由化前に、マンションの需要家が、部分自由化の恩恵（＝託送料金が安くなる分、電気代が安くなるという恩恵等）を受けられるようにすることを主な目的として考えられたモデルです。

これは、受電設備を所有又は維持・管理を行っている高圧一括受電業者は、電気の供給を受けているという実態（以下「受電実態」）を有しているという点に着目し、マンションやオフィスビル等を一体として「一の需要場所」とみることで、高圧一括受電業者を小売供給契約の需要家とする考え方です。

この場合、高圧一括受電業者からマンション各戸の居住者やオフィスビルのテナント等の最終需要家に対する供給は、一の需要場所内の電気のやり取りとして、電気事業法上の規制の対象外と考えられています（小売営業ＧＬ２(3)44頁）。

具体的には、**図１**によれば、Ａから受電実態を有する高圧一括受電業者Ｂに対する供給が小売供給となりますので、Ｂについては小売電気事業の登録は不要と整理されます。

●需要家保護の在り方

高圧一括受電業者の最終需要家に対する電力の供給については、電気事業法上の規制の対象外であるからといって、電気の最終需要家に対する適切な情報提供や苦情や問い合わせ対応を怠り、最終的な電気の使用者の利益が害されてはなりません。

そのため、高圧一括受電業者に対しては、小売電気事業者が小売営業ＧＬで定められる需要家保護策と同等の措置を適切に行うことが望ましいとされています（小売営業GL１⑵イiv10頁、２⑶44頁）。具体的には、小売供給契約締結の際の説明義務や書面交付義務の履行及び需要家又は需要家となろうとする者からの苦情及び問い合わせ対応業務の適切な履行をすることなどが考えられます。これに加えて、管理組合による集会において高圧一括受電サービスの導入に係る決議を行うために住民説明会等が行われる場合には、高圧一括受電業者は、その際にも十分な説明を行うことが望ましいとされています（小売営業GL１⑵イiv10頁）。

コラム 高圧一括受電をめぐる近時の議論

２０１８年12月時点における高圧一括受電のマンションは、約６７００棟、供給戸数は約６万５０００戸あるとされています。２０１９年３月には、電力・ガス基本政策小委員会において、マンションの一括受電業者に対して、需要家に対する説明・書面交付及び苦情及び問い合わせ対応業務の状況についての調査結果が報告され、その中では一部の事業者において、供給条件の説明項目の不足や、契約締結時の書面不交付等の手続き漏れが散見されたと報告されています。同小委員会では、今後、高圧一括受電業者の意見を聴きつつ、どのような需要家保護策を図っていくのかを検討する方向性が示されていますので、議論の動向を注視することが必要です。

また、近時では、高圧一括受電に関しては、需要家保護の在り方の問題のほか、最終需要家が単独で他の事業者への電力供給に切り替えることができなくなるため、需要家が供給を受ける電力や事業者の選択に対する制約となるといった弊害も指摘されています。

前記のとおり、高圧一括受電については、小売全面自由化以前から、マンションの需要家が部分自由化の恩恵を受けられるように考えられたモデルであることからすれば、全面自由化された今、高圧一括受電の在り方については、あらためて検討していくことも必要となるように思われます。

4　電力・ガス取引監視等委員会

ポイント
・自由化市場における市場の番人
・独立性・専門性が重要
・経済産業省に設置された8条委員会

背景

小売全面自由化を進める中において、電力・ガスの小売事業・新しい市場が健全に発達し、消費者から受け入れられるためには、きちんとしたルールづくりと違反がないかを監視する体制が必要となります。その役割を担う組織として独立性と高度な専門性を有する新たな規制組織を設けることが、２０１３年に閣議決定された「電力システムに関する改革方針」において掲げられました。

概要

監視等委員会は、前記の「電力システムに関する改革方針」を受けて、電力、ガス及び熱供給の小売自由化に当たり、市場における健全な競争が促されるよう、市場の監視機能を強化するために設置された経済産業大臣直属の規制組織であり、市場の番人としての役割を持つものです。電力の小売全面自由化に合わせて、２０１５年9月に電力取引監視等委員会として設立され、２０１６年4月にガス事業及び熱供給事業に関する業務が追加され、現在の電力・ガス取引監視等委員会となっています。

委員会は、委員長及び委員4名で構成されており、法律、経済、金融などの専門的な知識と経験を有し、その職務に関し、公正かつ中立な判断をすることができる者のうちから、経済産業大臣によって任命されます。

委員会の役割としては、「市場の監視」と「必要なルール作りなどに関して経済産業大臣へ意見・建議を行う」という2つがあります。「市場の監視」には、大きく分けると、消費者保護の観点から小売事業者を監視することと、既存事業者・新規参入者間の健全な競争の確保を図る観点から市場を監視することの2つに分けることができます。また、

図2　監視等委員会の役割イメージ

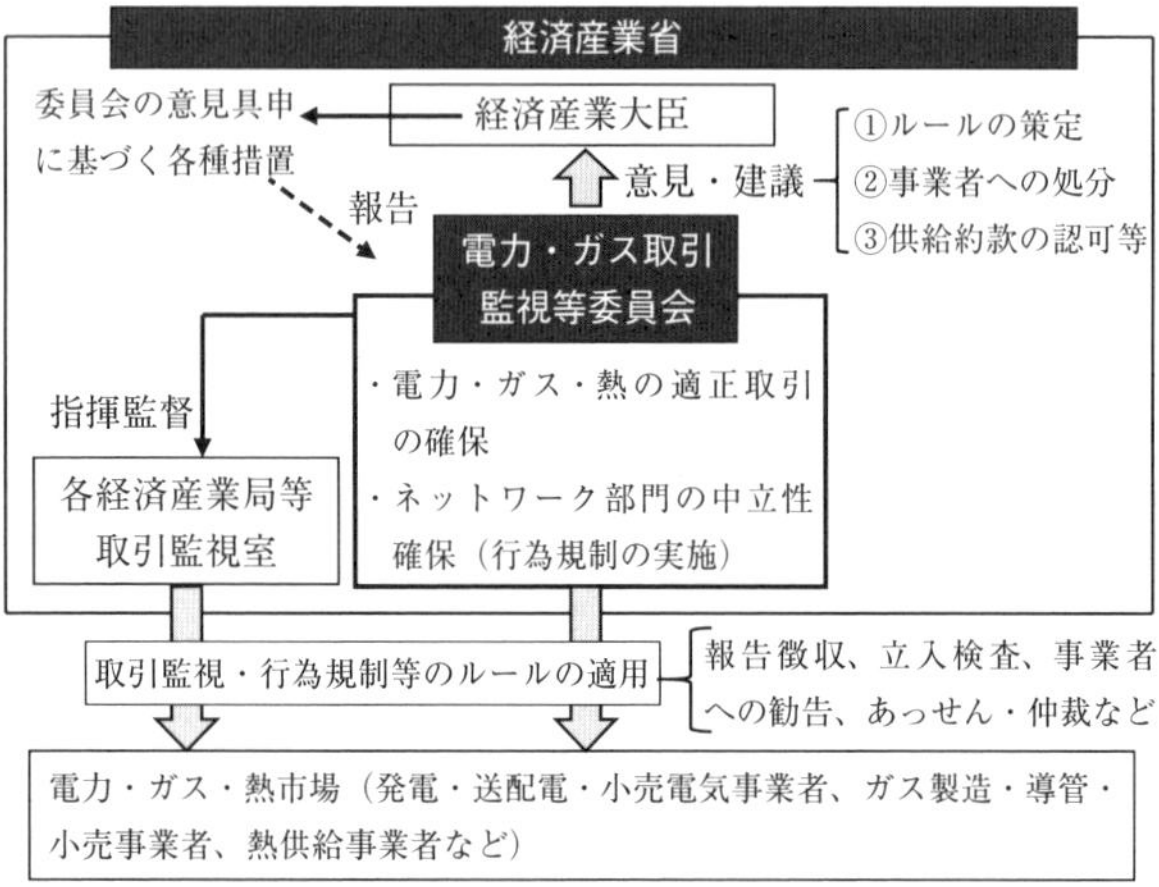

出所：監視等委員会ホームページ

「必要なルール作りなどに関して経済産業大臣へ意見・建議を行う」ことについては、小売営業GLや適取GL等についてのルール作りを行い、経済産業大臣へ建議することなどが典型的な例としてあげることができます。

なお、監視等委員会には、前記のほか、あっせん及び仲裁の制度も設けられています。これは、送配電ネットワークや導管の利用に関する紛争や電力・ガスの卸取引における紛争等、電気供給事業者・ガス供給事業者間における電力・ガスの取引に関する契約等の紛争を公正・中立な手続によって処理し、電力の適正な取引の確保を図ることを目的としています。

監視等委員会の役割のイメージは図2のとおりです。

また、監視等委員会は、電気事業法に基づき、合議制の機関として、資源エネルギー庁とは別に経済産業省に置かれています。これは、あくまでエネルギー政策の枠組みの中で独立性と専門性を持って電力・ガスの取引の監視や行為規制を実施する機関とすることが適切であるとの考えに基づいています。このため、経済産業省から独立した国家行政組織法第３条に基づく委員会ではなく、同法第８条に基づく合議制の機関（８条委員会）として経済産業省に設置されています。

監視等委員会と資源エネルギー庁との関係は一般にはわかりにくいところですが、従来、資源エネルギー庁が政策と監視について実施してきたところ、小売全面自由化に伴い、監視の部分を資源エネルギー庁から分離し、実効的な監視を行うための独立性・専門性の高い組織として、監視等委員会が設立されたという経緯があります。そのため、実際は相対的な部分もありますが、大きく分けると、電力・ガス事業政策は資源エネルギー庁が担い、監視及びそれに必要なルール作りは監視等委員会が担うという役割分担となっているといえます。

今後

監視等委員会が発足から5年を迎えようとする中、エネルギー供給強靭化法の国会における監視等委員会の組織の在り方に関する議論等を受け、監視等委員会において、2020年7月から「電力・ガス取引監視等委員会の検証に関する専門会合」が開催されました。

小売全面自由化後、競争は着実に進展しており、同専門会合の取りまとめにもあるとおり、監視等委員会として報告徴収や業務改善勧告等の権限の行使により市場の番人としての役割を果たしてきているところです。また、監視等委員会によるグロス・ビディング等の実施によるスポット市場の取引量の拡大や卸取引の内外無差別の確保、インバランス料金設計等市場環境整備も着実に行われているところといえます。ただし、同専門会合の取りまとめにおいては、

①監視等委員会事務局の体制強化

②「適正な電力・ガスの取引の確保」、「公正な競争の促進」や「市場メカニズムを通じた効率性の向上」といったミッション及びその明確化

③透明性の更なる向上や広報活動の強化等

――が今後の留意事項として挙げられているところです。市場における健全な競争を確保する観点から、今後、監視等委員会の果たす役割はより一層重要性を増すものと思われます。

深掘り　小売全面自由化の下で押さえておくべき法律

小売全面自由化の下において電気事業を行うにあたっては、電気事業法だけを押さえておけば十分という訳ではありません。

小売全面自由化によって、特に家庭用の電力の販売の文脈においては、消費者保護に関する電気事業法以外の次の法律を押さえておくことが重要となります。

①消費者契約法

消費者が事業者と契約をするとき、両者の間には持っている情報の質・量や交渉力に格差があるという状況を踏まえて、消費者の利益を守るために制定された法律（不当な勧誘による契約の取消しと不当な契約条項の無効等を規定）

②特商法

訪問販売、通信販売、連鎖販売取引等といった消費者トラブルを生じやすい特定の取引形態を対象として、消費者保護と健全な市場形成の観点から、取引の適正化を図るために制定された法律

③景表法

商品やサービスの品質、内容、価格等を偽って表示を行うことを規制するとともに、過大な景品類の提供を防ぐために景品類の最高額を制限することなどにより、消費者がより良い商品やサービスを自主的かつ合理的に選べる環境を作ることを目的として制定された法律

また、家庭用の需要家に電力を販売する場合は、個人情報を取り扱うことになるため、個人情報保護法も押さえておく必要があります。

その他、押さえておくべき法律としては、不正競争防止法や主として電力市場において市場支配的な事業者である、旧一般電気事業者に対して適用される規制として、独占禁止法（※）が挙げられます。また、代理店と提携する等の場合は、小売電気事業者や代理店の規模によっては、下請法を踏まえた対応等も必要となります。

このように、電気事業を行うにあたっては、電気事業法はもちろんのこと他の法律についての十分な知識・理解が必要となります。

（※）独占禁止法は、それ以外の事業者にとっても他社の独占禁止法違反によって自社の利益が害されていないかという視点を持つことも重要といえます。そのため旧一般電気事業者ではない電気事業者も押さえておく必要がある法律といえます。

深掘り　小売営業ＧＬと適取ＧＬ・望ましい行為と問題となる行為

電気事業を行う事業者にとっては、法律（電気事業法）だけを見ていては事業ができません。実務上重要となるのがガイドラインであり、例えば、インサイダー取引や相場操縦取引規制など他法令をみると、法律での規定がされてもおかしくない事項についても、ガイドラインで規定されています。

電気事業分野におけるガイドラインは、多岐にわたりますが、代表的なガイドラインとしては、小売営業ＧＬと適取ＧＬが挙げられます。

小売営業ＧＬと適取ＧＬとの最大の相違点は、次の３点が挙げられます。

①念頭に置いている主たる事業者が、市場支配的な事業者か否か
②ガイドラインの根拠となる法律
③対象分野

すなわち、小売営業ＧＬは、すべての小売電気事業者を対象としている一方、適取ＧＬは、引き続き主として支配的事業者を対象としているという違いがあります（①）。また、小売営業ＧＬは電気事業法を根拠とするものですが、適取ＧＬの根拠となる法律は、電気事業法に留まらず、公正競争確保等の観点から独占禁止法も含まれています（②）。そして、小売営業ＧＬは小売分野を対象としている一方、適取ＧＬの対象は、小売分野には限定されず、小売分野、卸売分野、ネガワット取引分野、託送分野等及び他のエネルギーと競合する分野の各分野となっているという違いがあります（③）。

なお、前記のとおり、従来適取ＧＬは支配的事業者である旧一般電気事業者を対象としていたものであり、基本的にその対象は小売全面自由化後も引き続き変わらないものの、小売全面自由化に伴い、請求書への記載事項等その対象が電気事業者一般となっているものもあります。

小売営業ＧＬ・適取ＧＬにおいては、電気事業法上の観点からは、主として電気事業法上「問題となる行為」と需要家の利益の保護や電気事業の健全な発達を図る上で「望ましい行為」が示されています。

「問題となる行為」とは、業務改善命令（電気事業法第２条の17等）又は業務改善勧告（電気事業法第66条の12第１項）が発動される原因となり得る行為と位置付けられており（小売営業ＧＬ序(1)１頁）、遵守することが必須といえます。

他方、「望ましい行為」については、特に言及はなく、「望ましい行為」を行っていなかったからといって、直ちに業務改善命令等が発動されるということはありません。ただし、従来、適取ＧＬにおいて「望ましい行為」は、事実上事業者が遵守すべき規範を構成していたという実態があり、今後もその位置づけは大きく変わらないといえます。このため、遵守できない、又は遵守しないことについて合理的な理由がある場合は別ですが、実際の電力ビジネスを行うにあたっては、基本的には「望ましい行為」についても遵守することを念頭において対応することが適切と考えられます。

なお、業務改善命令と業務改善勧告との違いの一つとしては、業務改善命令は経済産業大臣が発動する権限を有していますが、業務改善勧告は監視等委員会が発動する権限を有している点が挙げられます。法的にはいずれを先に出さなければならないといった決まりはないものの、通常は、業務改善勧告がまず出されるケースが多いところです。

5　法的分離

ポイント
・電力システム改革の第3段階
・一般送配電事業に対する、より一層の中立性確保を目的とした兼業禁止と行為規制
・配電事業も原則規制対象に

背景

電気事業法上は、法的分離前においても、送配電部門の中立性確保の観点から、主に次

図３　法的分離の類型

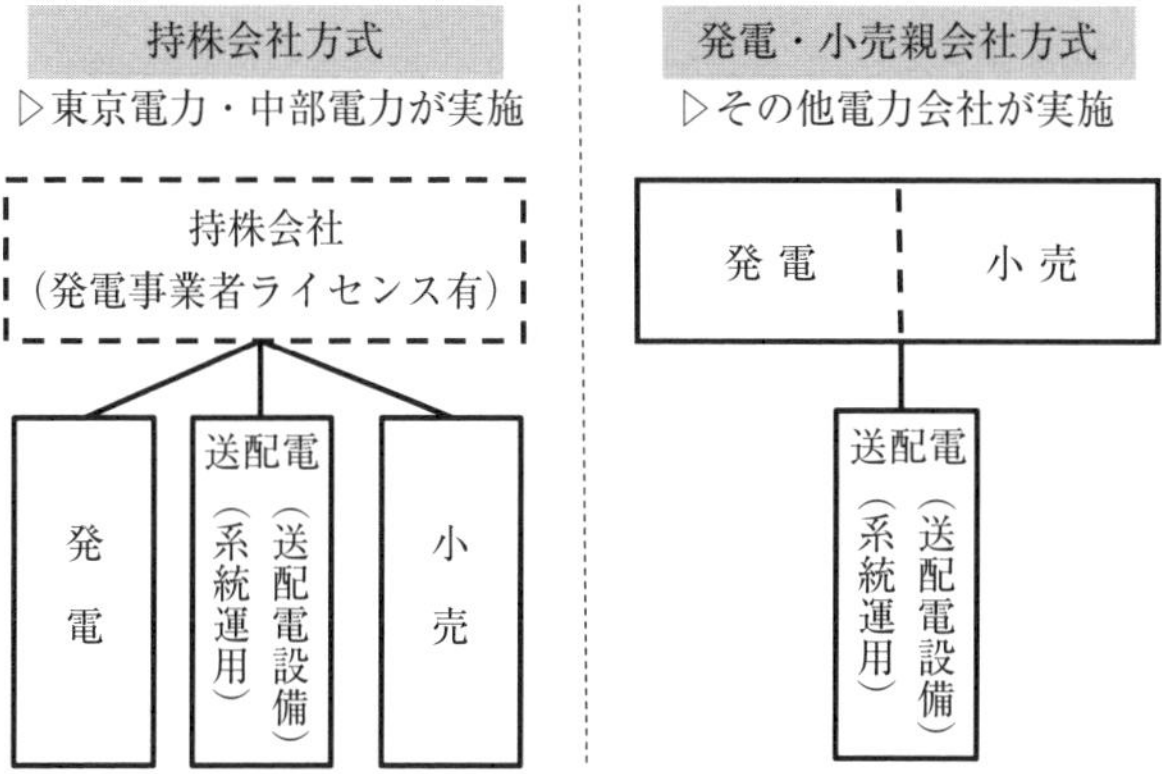

の規制が設けられていたところですが、これらの規制に違反するとして、行政処分がなされた例はありませんでした。

①目的外利用の禁止（電気事業法第23条第1項第1号等）

　託送供給等業務に関して知り得た他の電気供給事業者及び電気の使用者に関する情報について、当該業務等に用いる目的以外で利用すること等を禁止

②差別的取扱いの禁止（電気事業法第23条第1項第2号等）

　送配電等業務（変電、送電及び配電に係る業務）において、特定の電気供給事業者を不当に優先的に又は不利に取扱うこと等を禁止

　もっとも、小売電気事業や発電事業を行うため

には、基本的に送配電事業者の送配電設備を利用する必要があり、小売全面自由化により多数のプレーヤーが参加することに伴い、送配電事業の中立性を確保することがより一層重要となります。

概要

（1）法的分離

以上の背景を踏まえ、第3段階の改正電気事業法において、２０２０年4月までに旧一般電気事業者等から送配電部門等の法的分離を行う（送配電事業等と発電・小売電気事業の兼業を原則禁止する）こととされました（電気事業法第22条の2第1項本文等）。送配電事業は、一般送配電事業、送電事業及び特定送配電事業の3つの類型に分類されますが、法的分離の対象となった電気事業類型は、一般送配電事業と送電事業となります。

ただし、一般送配電事業者のうち沖縄電力株式会社（沖縄電力）は、その規模や電力系統が本土と連系していない等の実態を踏まえ、法的分離の対象外とされています（電気事業法第22条の2第1項但し書き）。なお、北海道北部の陸上風力発電所建設のために送電線を敷設することを目的として設立された北海道北部風力送電株式会社（北部送電）は送電事業の許可を受けていますが、その規模等からすれば兼業規制の対象外とすることが適切とも思われます。もっとも、北部送電は、元々発電事業は異なる主体が実施していることから、発電事業と送電事業を一体の会社で実施していた場合と異なり、兼業規制の例外を認める必要性はないところです。そのため、兼業規制の適用を受けることとなり、その結果として、次の行為規制についてもその例外は認められていません。

（2）行為規制

法的分離については、所有権分離と異なり、一般送配電事業者及び送電事業者（以下、総称して「一般送配電事業者等」）と発電・小売電気事業者との間の資本関係は許容されます。そのため、中立性確保の観点から一般送配電事業者等とそのグループ内の発電・小売電気事業者等との間では、一定の規律として人事・業務委託などに関する規制が導入され、その規制を一般に行為規制といいます。

行為規制については、一般送配電事業者等とそのグループ内の発電・小売電気事業者等についての規律を規定するものですが、大きく次のような3つの視点に分けることができます。

①一般送配電事業者等としての中立性のより一層の確保に係る規制
②一般送配電事業者等による利益等の発電・小売電気事業への移転の制限に係る規制

③一般送配電事業又は送電事業を行っていることにより発電・小売電気事業に生じるメリット享受の制限に係る規制

①に関しては、まず、取締役や従業員の兼職に関する規律が挙げられます（電気事業法第22条の3、同法第23条の2等）。取締役は経営判断を行う一方、従業員は個別の業務に従事するといった違いがあります。このため、一般送配電事業者等の取締役等とグループ内の発電・小売電気事業者等の取締役等については、原則として兼職が禁止される一方、従業員は、送配電等業務に関する重要な業務に従事する者とグループ内の発電・小売電気事業者等の従業員のうち、管理職等の重要な役割を担う者との間の兼職が禁止されるに留まります。

また、一般送配電事業者等とグループ内の発電・小売電気事業者等（一定の子会社も含む）との間の送配電等業務の委託と発電・小売電気事業の業務の受託が原則として禁止されています（電気事業法第23条第3項～第5項等）。ただし、例えば一般送配電事業者等による業務の委託については、「災害の場合におけるやむを得ない一時的な業務の委託」、「受託者に開示する情報が託送供給等業務に関する非公開情報が含まれない業務の委託」、「受託を受けた発電・小売電気事業者等が差別的な取扱いをすることができないような裁量性のない業務の委託」などは認められます。ただし、この場合であっても、災害時の場合を除き、合理的な理由がない限り公募することが求められます。

一方で、グループ内の発電・小売電気事業者等においては、一般送配電事業者等に対し、電気事業法上の禁止行為をするように要求し、又は依頼することが禁止されています（電気事業法第23条の3第1項第1号等）。典型的な例では、グループの発電事業者が、子会社である一般送配電事業者等に対して、自社の発電投資計画に合わせた送配電投資計画を策定するよう働きかける場合が考えられます。

②に関しては、一般送配電事業者等とグループ内の発電・小売電気事業者等との間の取引については、「通常の取引条件」で行うことが求められます（電気事業法第23条第2項等）。「通常の取引条件」とは、自己のグループ会社以外の会社と同種の取引を行う場合に成立するであろう条件と同様の条件をいうとされています。

③に関しては、社名・商標に関する規律が挙げられます。すなわち、一般送配電事業者等とグループ内の発電・小売電気事業者等については、両者が同一であると誤認されるおそれのある社名、商標については原則として使用することはできません（電気事業法第23条第1項第3号、同施行規則第33条の7第1号・第2号等）。そのため、一般送配電事業

者等がグループ名称（東京電力などの旧一般電気事業者名）の社名を使用する場合には、「送配電」「パワーグリッド」など一般送配電事業者等であることを示す名称の付与が求められます。

また、広告・宣伝に関してはグループ一体となった広告・宣伝等が禁止されています。すなわち、一般送配電事業者等が、グループ内の発電・小売電気事業者等に対する需要家等の評価を高めることに資する広告等の営業行為を行うこと（電気事業法第23条第1項第3号、同施行規則第33条の7第3号等）、また、グループ内の発電・小売電気事業者等が、当該一般送配電事業者等の信用力又は知名度を利用して、その事業者に対する需要家等の評価を高めることに資する広告等の営業行為をすること（電気事業法第23条の3第1項第2号、同施行規則第33条の14等）が禁止されています。なお、グループ内の発電・小売電気事業者等が、グループ全体での会社案内やCSR、環境への取組みの広告・宣伝として一般送配電事業者等の情報を掲載するにとどまる場合などには、禁止される営業行為に該当しないとされています。

最後に、一般送配電事業者等は、これらの行為規制等を遵守するための体制の整備も求められます。すなわち、託送供給等業務に関して知り得た情報等の送配電等業務等に関する情報の適正な管理や、託送供給等業務の実施状況を適切に監視するための体制の整備等、必要な措置が求められます（電気事業法第23条の４等）。

今後

次項のとおり、エネルギー供給強靭化法により２０２２年４月から新たに「配電事業」という類型が加わります。配電事業は、基本的には一般送配電事業者の一部の配電設備を譲渡又は貸与することを想定した事業類型であることから、一般送配電事業と共に、原則として法的分離の対象となります。

もっとも、配電事業は、小規模なエネルギーネットワークであるマイクログリッド等を想定した事業類型ですが、自社又はグループ会社で発電・小売電気事業を実施することが想定され、新たに配電事業を実施する主体としては、グループの発電・小売電気事業者との間で行為規制が課されることが事業化の弊害となることもありうるところです。このため沖縄電力のように、一般送配電事業者における法的分離の例外の適用の有無が論点となりますが、法的分離の対象外とするためには、前記のとおり、配電事業の実施主体が発電・小売電気事業を実施していることが前提となります。

6　全面自由化後の事業類型と新たな事業類型の導入

ポイント
・垂直一貫型から事業の性質に応じた事業類型へ
・役割や義務に応じた「許可」「届出」「登録」制
・技術の進展やデジタル化などを反映し「アグリゲーター」「配電事業」などの新たな事業区分も出現

背景

小売全面自由化前は、部分的に自由化が進められてきたということはありますが、一般電気事業者を中心に、規模の経済性を前提として、発送電一貫の独占供給を認める一方、料金規制等で独占の弊害を排除するといった垂直一貫型の事業規制が前提となっていました。

もっとも、小売全面自由化により、このような前提がなくなったため、発電事業、送配電事業及び小売電気事業といった事業の性質に応じた規制体系に移行されることになりました。

概要

電気事業法では、大きく分けて発電事業、送配電事業及び小売電気事業の3つの事業類型が設けられています。

（1）発電事業について

発電事業は届出制であり、1万kW以上の発電設備を維持・運用している場合は、対象となります。発電事業者には、旧一般電気事業者の発電部門も含まれますし、再エネ事業者も合計で1万kWの発電設備を維持・運用している場合は含まれます。また、2021年3月10日に開催された電力・ガス基本政策小委員会において、系統側に設置する畜電池を維持・運用する事業についても「発電事業」に該当することが明確にされました。

自由化分野ですので、基本的には非規制であるものの、小売全面自由化後においても、引き続き経済産業大臣が供給力を適切に把握し、電気の安定供給の確保に支障が生じ、又は生ずるおそれがある場合には、経済産業大臣が、発電事業者に対して供給命令等を発動し得る環境を整備する観点から、届出制とされています。

(2) 送配電事業について

送配電事業は、更に一般送配電事業、送電事業及び特定送配電事業の3つの類型に分類されます。

(a) 一般送配電事業

一般送配電事業は、東京電力パワーグリッド株式会社や関西電力送配電株式会社など、旧一般電気事業者の送配電部門が供給区域における送配電設備についての維持・運用の責任を負う許可制の事業であり、それぞれ供給区域における独占が認められています。一般送配電事業者は供給区域ごとに全国で10事業者のみとなります。送配電事業は、引き続き規模の経済性を有していると考えられており、同一の場所に二重に送配電網が張り巡らされると無駄な投資となってしまうため、一般送配電事業者による地域独占を認め、許可制となっています。その反面で、送配電網の利用に対しては、差別的取扱いを禁止する(電気事業法第23条第1項第2号)などの中立性が求められています。

なお、より一層の中立性を確保する観点から、2020年4月から、沖縄電力を除く一般送配電事業者に対して資本関係の維持は認めつつ、発電・小売電気事業を行う会社と送配電事業を行う会社を別会社化することを内容とする、いわゆる「法的分離」が行われました。これは、電力システム改革の第３段階の法律によって措置されています（第１節５参照）。

また、再エネ電源の拡大で送配電事業への追加投資が増加することが予測されますが、そうした中でもコスト効率化と再エネ導入等を両立させるため、系統利用ルールの見直しと併せて託送料金制度の改革も進められています（第３節２、４参照）。

（b）送電事業

送電事業は、旧卸電気事業者の送電部門、すなわち電源開発株式会社（Ｊパワー）の送電部門が対象となる許可制の事業となります。許可制となっているのは、一般送配電事業と同様の趣旨であり、公共性の高い送電設備については引き続き規模の経済性や自然独占性が認められることから、二重投資及び過剰投資が生じ、その結果として一般送配電事業者の託送料金が上昇するといった事態を回避する目的となります。

送電事業者の送電設備は、北海道電力株式会社と東北電力株式会社の間をつなぐ北本連系線（60万ｋＷ分）などの地域間連系線が代表的ですが、送電事業は、同一又は異なる一般送配電事業者が維持・運用する送電網をつなぐ役割を果たす送変電設備を維持・運用して、電力を橋渡し（振替供給）する事業をいいます。送電事業者が維持・運用する送変電設備は、旧一般電気事業者が維持・運用する送電、変電及び配電設備と同様の役割を果たすことから、送電網の利用に対しては、差別的取扱いが禁止される（電気事業法第27条の12、同第23条第1項第2号）など中立性が求められています。

また、最近では、北海道北部の風力適地に送電網を敷設するために、北部送電が送電事業の許可を受けています。通常の送電事業であれば、送電事業者は橋渡しをしてあげる一般送配電事業者から振替供給料金の支払いを受けることで、送電網の投資・維持管理費用を賄います。一方、風力のための送電線の敷設は特定の風力発電事業者が直接的な利益を受けることに着目し、送電網の投資・維持管理費用を当該地域で風力発電事業を行う者から料金の支払を受けることで賄うことが前提となっている点に特徴があります（風況の良い地域ではＦＩＴにおける調達価格で前提としている設備利用率を上回ることがあり、上回った分の収益を送電網の投資・維持管理費用に充当するというイメージ）。同様のスキームを活用して、福島地域の再エネ開発と連係し、発電事業者と一般送配電事業者との間をつなぐ共用送電線の整備・運営を行うことを目的とした、福島送電株式会社が送電事業の許可を受けています。なお、送電事業についても一般送配電事業と同様、より一層の中立性を確保する観点から、2020年4月から発電・小売電気事業を行う会社と送電事業を行う会社を別会社することを求める法的分離が実施されています。

（c）特定送配電事業

特定送配電事業は、マイクログリッド、コミュニティグリッドなどを想定した届出制の事業類型となります。全面自由化前は、六本木ヒルズ一帯に電力を供給する六本木エネルギーサービス株式会社など、特定の区域で発電、送配電、小売電気事業を一体として行っていた旧特定電気事業者の送配電部門がこれに該当します。なお、特定送配電事業は、自らが維持し、及び運用する電線路により電気を供給する事業であり、当該電線路の敷設に着目した事業規制であるため、小売全面自由化前の特定規模電気事業者の自営線供給と同様に、一般送配電事業者との間で電気工作物の著しい重複が生じるという二重投資防止の観点から変更命令を出せるようにしておけば十分であるとして、許可制ではなく届出制とされました。

ただし、特定送配電事業者が、その供給する地点で小売供給を行う場合は、登録特定送配電事業者として小売電気事業の登録と同様の登録が必要となり、小売電気事業者と同様

図４　全面自由化前後のライセンス制のイメージ

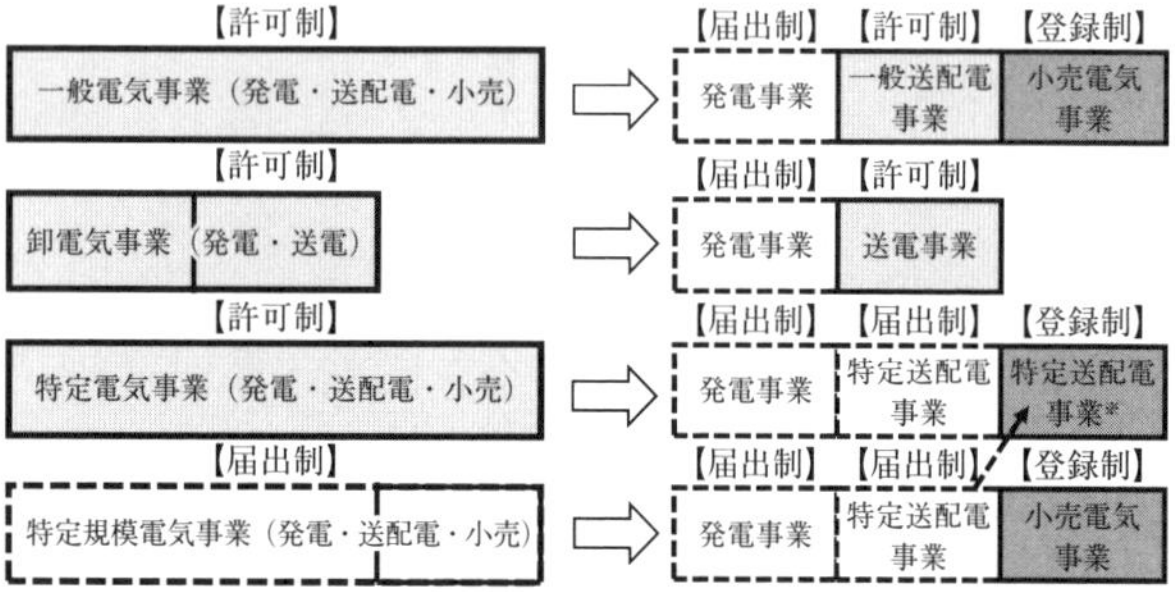

※小売供給に該当する部分

の各種義務が課されることとなります。

（３）小売電気事業について

小売電気事業は、後述するとおり、原則として最終需要家へ電力を供給する場合に必要となる事業類型であり、登録制となります。これは、旧一般電気事業者の小売部門やいわゆる新電力、ＰＰＳなどと呼ばれる旧特定規模電気事業者の小売部門がこれに該当します。

なお、小売電気事業について登録制を採用したのは、需要家保護や供給能力確保の観点から、一定程度事業を実施するにあたって審査が必要である一方、二重投資及び過剰投資による弊害を防止する観点からの厳格な許可制を採る必要性に乏しいためとされています。

なお、全面自由化前と全面自由化後のライセンス制のイメージについては、**図4**をご参照ください。

今後

多数の分散型リソース（太陽光発電、ディマンドリスポンス・燃料電池・蓄電池など）が普及する中、配電分野におけるニーズやビジネスが多様化していくことが予想され、それに対応した新たな事業類型の必要性が議論されました。具体的には、２０２０年６月に成立したエネルギー供給強靭化法において、「特定卸供給事業」（アグリゲーターライセンス）と「配電事業」が電気事業法上の新たな事業類型として位置づけられました。

いずれも２０２２年４月から新たに事業類型として位置付けられる予定で、事業の詳細について検討が進められています。

（１）特定卸供給事業（アグリゲーターライセンス）

ディマンドリスポンス（ＤＲ）等の多数の分散型リソースを集約・調整して、小売電気事業者、一般送配電事業者、特定送配電事業者及び配電事業者に対して電力の卸供給を行う事業者、いわゆるアグリゲーターを特定卸供給事業者として電気事業法上位置づけることが予定されています。特定卸供給事業者については、卸供給を行うことに着目して発電事業者と同様に経済産業大臣への届出制とされています（２０２２年４月施行予定の電気事業法第27条の30第1項）。また、特に対策が必要と考えられるサイバーセキュリティについての対策が不十分な場合等電気の使用者の利益保護又は一般送配電事業者もしくは配電事業者の電気の供給に支障を及ぼす恐れがあるときは、届出から30日以内に限り、届出内容の変更中止命令を出すことができるとされています（同法第27条の30第5項）。

アグリゲーターは、ＤＲやＶＰＰなど需要側のさまざまな資源を集めて供給力や調整力として柔軟に活用していくビジネスとして、より分散的な電力ネットワークが構築されていく時代においてはキープレーヤーとなっていく可能性を秘めています。これまでも、ＤＲ等の多数の分散型リソースを集約・調整して、小売電気事業者等に対して電力の卸供給を行うこと自体は認められていたものの、このような卸供給を行う事業者を電気事業法上の電気事業者とは位置付けていませんでした。今後、ＤＲをはじめとする分散型リソースの活用を促す観点からも、電気事業者としての位置付けを明確に与えることについては、意義があると思われます。

また、２０２２年度にはＦＩＰ制度が開始されることに伴い、再エネ事業者にも計画値同時同量が求められるようになりますので、これを個々の事業者ではなく、アグリゲーターがさまざまなリソースを束ねることで達成し、安定供給の担い手となっていくことも期待されるところです。

（２）配電事業制度（配電事業ライセンス）

　コスト効率化や災害時のレジリエンス向上の観点から、特定の区域において、一般送配電事業者の配電網を活用して、新規参入者が面的な系統運用を行うニーズが高まってきました。具体的には山間部や離島などの限られた区域で既存の配電系統を維持・運用し、需給調整等を行う事業者を、配電事業者として電気事業法に位置付けることとなりました。

　災害時には特定の区域内で電力供給を賄うほか、将来的にはエネルギーの地産地消、地域エネルギーリソースを活用したＰ２Ｐ（ピア・ツー・ピア）取引の展開、地域の水道やガスなどを含めたユニバーサルサービスを提供するなども構想されています。

　エネルギー供給強靭化法において、配電事業とは、「自らが維持し、及び運用する配電用の電気工作物によりその供給区域において託送供給及び電力量調整供給を行う事業」をいうとされています（２０２２年４月施行予定の電気事業法第２条第１項第11の２号）。

　配電事業と特定送配電事業との違いを聞かれることがありますが、配電事業は「一般送配電事業者から配電系統等を譲渡又は貸与されること」を基本的な前提とし、「面的な広がりを持った供給を行う事業を想定」しているのに対し、現行の特定送配電事業は、「基本的に事業者自身による自営線敷設を前提」とし、「需要家ごとの供給地点を届け出る仕組み」である点で異なるとされています。このように配電事業は、一般送配電事業者の供給区域を一部切り出すことを想定しているため、公益性の高い事業として、許可制が取られています（同法第27条の12の2）。この許可の審査においては、社会コストの増大を防ぐ観点から、収益性が高い配電エリアが切り出されることで他のエリアの収支が悪化することが生じないことも確認することとされています。また、配電事業者はその業務においては中立性が求められることから、原則として法的分離後の一般送配電事業者と同様の兼業規制や差別的取扱いの禁止、兼職規制等といった行為規制が設けられており、オープンアクセス義務も課されています（同第27条の12の10）。なお、社会的コストの増加を抑制する観点から、配電事業者の供給区域においても、最終保障供給義務や離島供給義務は引き続き、一般送配電事業者が負うこととされています。

配電事業制度の創設により、新規参入者がＡＩ・ＩｏＴ等の技術を活用した系統運用や設備管理を行うことで、配電網を流れる想定潮流の合理化や、課金体系の工夫等を通じて、設備のサイズダウンやメンテナンスコストの削減が期待されます。また、配電事業者が調整可能な分散リソースを確保している場合には、災害時等に独立して緊急対応的な供給が行われることも期待されるところですが、配電事業だけでは必ずしも魅力のある事業とはいえません。第1節5の「今後」で説明したとおり、配電事業は、小規模なエネルギーネットワークであるマイクログリッドを想定した事業類型ですので、マイクログリッドを構築するためには、自ら又はグループ会社で発電・小売電気事業を実施することが想定されることから、新たに送電事業を実施する主体としては、グループの発電・小売電気事業者との間で行為規制が課されることが事業化の弊害となることもありうるところです。収益性の高い区域のみ配電事業として切り出すこと等によるクリーム・スキーミング（いいとこどり）を防止するといった観点に十分配慮しつつ、配電事業を実施する事業者の事業性に配慮した柔軟な制度設計・運用が求められるところです。

表３　エネルギー供給強靭化法の目的と背景

目　的	
災害時の迅速な復旧や送配電網への円滑な投資、再エネの導入拡大等のための措置を通じて、強靭かつ持続可能な電気の供給体制を確保すること	
背　景	
自然災害の頻発	災害の激甚化・被災範囲の広域化 ・台風（2019年15・19号、2018年21・24号） ・2018年の北海道胆振東部地震　など
地政学リスクの変化	地政学的リスクの顕在化・需給構造の変化 ・中東情勢の変化 ・新興国の影響力の拡大　など
再エネの主力電源化	再エネの最大限の導入と国民負担抑制の両立 ・再エネ等分散型電源の拡大 ・地域間連系線等の整備　など

7　エネルギー供給強靭化法

ポイント
・災害の激甚化・広域化や再エネの主力電源化等が背景
・強靭かつ持続可能な電気供給体制の確立を目的

背景

２０１８年９月には、北海道胆振東部地震が発生し、北海道全域が停電するブラックアウトが発生しました。その後も２０１８年の台風21号・24号、２０１９年の台風15号・19号等の大規模な台風が発生し、２

表４　電気事業法改正部分の概要

①　災害時の連携強化
・災害時連携計画の策定（一般送配電事業者） ・相互扶助制度の創設（一般送配電事業者） ・データの活用（情報の目的外利用の例外）等
②　送配電網の強靭化
・プッシュ型のネットワーク整備計画の策定等 ・既存設備の計画的な更新の義務化 ・託送制度改革（レベニューキャップと期中調整スキーム）
③　災害に強い分散型電力システム
・配電事業ライセンスの創設 ・アグリゲーターライセンスの創設 ・計量制度の合理化

表５　再エネ特措法改正部分の概要

①　題名の改正
・「電気事業者による再生可能エネルギー電気の調達に関する特別措置法」から「再生可能エネルギー電気の利用の促進に関する特別措置法」へ
②　市場連動型の導入支援
・固定価格買取（FIT 制度）に加え、市場価格に一定のプレミアムを上乗せして交付する制度（FIP 制度）を創設
③　再エネポテンシャルを活かす系統整備
・再エネの導入拡大に必要な地域間連系線等の送電網の増強費用の一部を、賦課金方式で全国で支える制度を創設
④　再エネ発電設備の適切な廃棄
・事業用太陽光発電事業者に、廃棄費用の外部積立を原則義務化
⑤　その他（新法第14条第２号）
・認定後、一定期間内に運転開始しない場合、当該認定を失効（系統の有効活用） ※既存案件も対象

表６　JOGMEC 法改正部分の概要

①　緊急時の発電用燃料調達
・有事に民間企業による発電用燃料の調達が困難な場合、電気事業法に基づく経産大臣の要請の下、JOGMEC による調達を可能に
②　燃料等の安定供給の確保
・LNG について、海外の積替基地・貯蔵基地を、JOGMEC の出資・債務保証業務の対象に追加 ・金属鉱物の海外における採掘・製錬事業に必要な資金について、JOGMEC の出資・債務保証業務の対象範囲を拡大

019年の台風15号では千葉県の君津市で45mと57mの鉄塔2基が倒壊するなど近年は災害が激甚化し、被災範囲も広域化しています。

また、太陽光を中心に導入が拡大している再エネの主力電源化に向けた政策対応の必要性が認識されていました。加えて、中東等の国際エネルギー情勢が変化・緊迫化し、それを踏まえた対応の必要性も認識されていました。

概要

これらの背景を受けて、2020年6月5日、エネルギー供給強靱化法が成立しました。

具体的には、災害時の迅速な復旧や送配電網への円滑な投資、再エネの導入拡大等のための措置を通じて、強靱かつ持続可能な電気の供給体制を確保することを目的とした改正が行われました。改正された主要な法律は、次の3つとなります。

①電気事業法
②再エネ特措法
③独立行政法人石油天然ガス・金属鉱物資源機構法（JOGMEC法）

各法律の改正の概要については、**表4～6**をご参照ください。また、電気事業法や再エネ特措法に関する主要な改正については、別途テーマとして取り上げていますので、詳細は、そちらをご参照ください。

今後

災害時連携計画等の災害対応等早期に対応すべき内容については、既に施行されていますが、それ以外の多くは2022年4月（託送料金制度（レベニューキャップと期中調整）は2023年4月）の施行が予定されており、現在詳細の制度設計に関する議論が進められています。

深掘り　カーボンニュートラルとそれを踏まえた対応

2020年から運用開始した、気候変動問題に関する国際的な枠組み「パリ協定」では、「今世紀後半のカーボンニュートラルを実現」するために、排出削減に取り組むことを目的とする、とされています。また、国連気候変動に関する政府間パネル（IPCC）の「IPCC1・5度特別報告書」によると、産業革命以降の温度上昇を1・5度以内に抑えるという努力目標（1・5度努力目標）を達成するためには、

２０５０年近辺までのカーボンニュートラルが必要という報告がされています。

このような状況の下、各国の野心的な目標の引き上げなどの気運もますます高まっており、「２０５０年のカーボンニュートラル実現」を目指す動きが国際的に広まっています。

日本においても、２０２０年10月の所信表明演説で、菅義偉首相が、「２０５０年にカーボンニュートラルを目指す」ことを表明しました。

非電力分野では、高熱利用や燃料利用など脱炭素化が技術的に難しかったり、高コストとなる場合もあり、電力部門がCO_2排出原単位を低減することが比較的容易といわれています。このため、カーボンニュートラルを実現するために重要なのが電化の推進といわれています。

また、電化を進めても電源の低炭素化が進まないと意味がないため、再エネや原子力発電の利用といった電源の非化石化を進めることやCO_2を回収・貯留して利用する「ＣＣＵＳ」やカーボンリサイクルを併用した火力発電を使うことなども重要となります。これらの施策と共に、電力の合理的な活用、すなわち省エネルギー・エネルギー効率の向上を組み合わせることが、２０５０年のカーボンニュートラルを進めるためには重要となってきます。

現在、非効率石炭火力のフェードアウトを進めることが表明されており、これに伴い、容量市場においては、非効率石炭の電源退出を促す仕組みの導入も進められているところです。

2050年カーボンニュートラルの実現に向けては、電力の安定的な供給の実現といかに両立させるかが重要となります。旧一般電気事業者各社も2050年のカーボンニュートラルに向けたビジョンを公表しているところです。今後、既設の原子力の扱いを含めカーボンニュートラルの実現に向けた電力システムの在り方の議論がより一層加速するものと思われます。

コラム　2020年度冬の需給逼迫と市場価格の高騰

(1) 事象と原因

2020年12月中旬から2021年1月中旬にかけて需給逼迫が生じ、それに伴う市場価格の高騰が発生しました。この需給逼迫は、稼働可能な設備容量（kW）は足りていたものの、燃料（ｋＷｈ）の不足により需給逼迫が生じた点でこれまで十分に想定してこなかった事象といえます。

電力・ガス基本政策小委員会における需給ひっ迫等検証の取りまとめ（案）においては、事実関係について、次のように整理されています。

２０２０年12月中旬において、一部のエリアにおいて需給が厳しい時期が生じ、ＬＮＧの燃料消費が進んでいたこと、及び産ガス国の供給設備トラブル等により、在庫は大幅下落し、ｋＷｈ不足リスクが発生していた。また、市場価格も平時より高値水準になっていたものの、この時期は比較的落ち着いて推移していた。

12月24日には川内原発2号機が稼働したことで、供給力が向上し、また12月下旬からは需要が低下したものの、石炭火力のトラブル停止が生じ、それまで消費が進んでいたＬＮＧの在庫水準を一定程度に保ち運転を継続させるため、燃料制約をかけたＬＮＧ火力運転が実施された。それに伴い、スポット市場への売り玉が切れるようになり、売り切れが常態化し、市場価格がかなりの高値を付け始めた。

1月上旬になると、全国にわたって10年に一度の需要が発生した日も複数生じ、燃

図5　2020年11月から2021年1月の月初時点の調達計画と在庫実績の比較

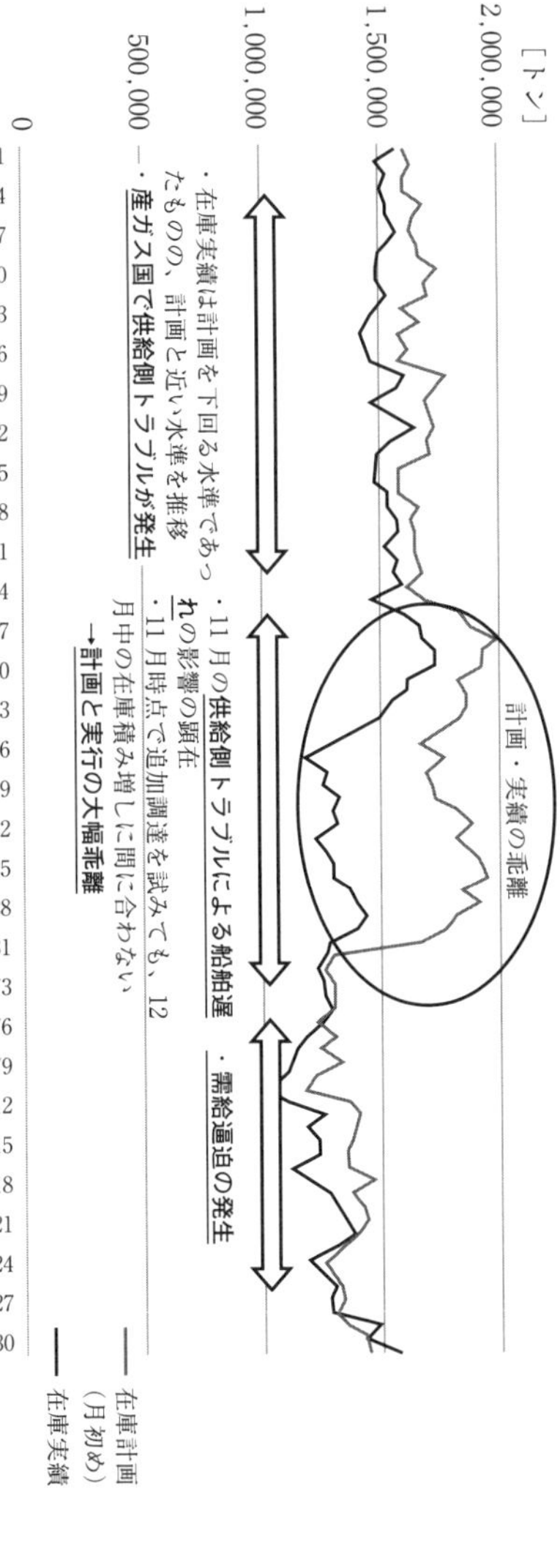

※旧一般電気事業者へのヒアリングに基づき、資源エネルギー庁が作成
※在庫計画量は、各社の月初め時点に計画していた向こう1カ月の在庫計画量
※在庫量は、デッド（物理的に汲み上げ不可な残量）を除いた数量
出所：電力・ガス基本政策小委員会資料

料制約がある中、最も厳しい需給状況となり、市場価格が高騰していった。

　その後、1月中旬になると、需要がある程度落ち着き、大飯原発4号機の稼働による供給力向上が見られたものの、売り切れ状態・市場価格高騰が継続したままとなった。

　その後、インバランス料金の上限価格の導入や燃料在庫が増加傾向となってきたことにより、徐々に市場価格も落ち着いていき、1月25日の週に入り、事象はおおむね沈静化することとなった。


　需給ひっ迫等検証の取りまとめ（案）によれば、2020年度冬の需給逼迫の主な要因として、断続的な寒波による電力需要の大幅な増加と産ガス国各地におけるLNG供給設備のトラブル及び、それによる12月以降の在庫積み増しの後ろ倒し等に起因したLNG在庫減少によるLNG火力の稼働抑制が挙げられています。さらに、石炭火力のトラブル停止や渇水による水力の利用率低下、太陽光の発電量変動といった事象が重なったことで、LNG等の火力への依存度が高まり、需給逼迫が増幅される結果となったと分析されています。

図6　2020年度冬の価格高騰における価格上昇のメカニズム

2020年12月28日　17:30-18:00　　　　2021年1月14日　17:00-17:30

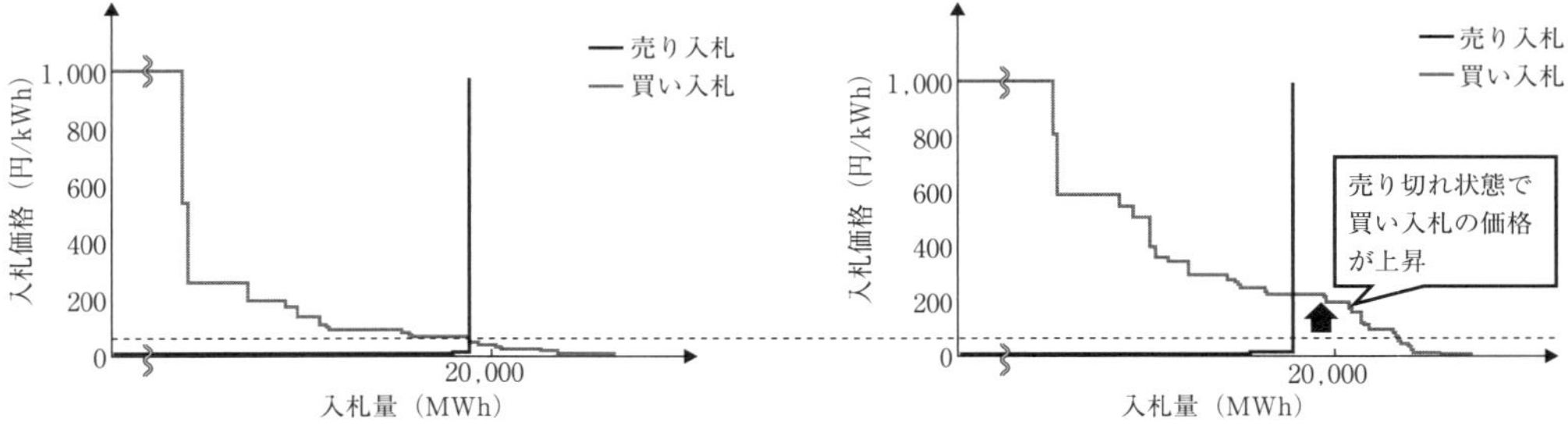

2020年12月28日　17:30-18:00
システムプライス：70.00円/kWh
約定量：18,745MWh
売り入札量：18,752MWh
買い入札量：26,011MWh

2021年1月14日　17:00-17:30
システムプライス：232.20円/kWh
約定量：18,508MWh
売り入札量：18,510MWh
買い入札量：25,545MWh

※入札量および価格の粒度については調整を実施
※999円部分の買い入札には、既存契約の自動入札分（ベースロード市場、先渡市場）、買いブロック約定分、グロスビディング高値買戻し分等が含まれる。0.01円部分の売り入札には、既存契約の自動入札分（ベースロード市場、先渡市場）、売りブロック約定分、再エネ、グロスビディング売り分等が含まれる。

出所：監視等委員会制度設計専門会合資料

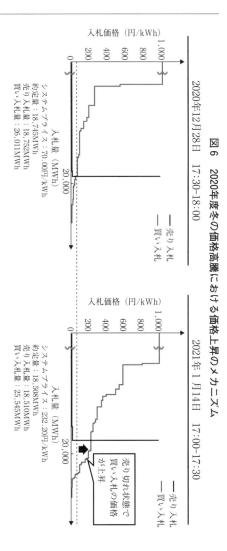

なお、広域機関はこの需給逼迫を受けて、12月15日から1月16日までの間、一般送配電事業者に対し、北海道、沖縄を除く8つの供給区域の需給状況改善のため、累計218回（延べ21日）電気事業法及び広域機関の業務規程に基づく「需給状況改善のための指示」を出しています。この融通指示は、最も強い要請である経済産業大臣による供給命令（電気事業法第31条）の一歩手前のものであり、一般のニュース等ではあまり大きく取り上げられていませんでしたが、いかに電力需給の状況が綱渡りの状況であったかがわかると思います。

また、価格高騰の原因については、監視等委員会制度設計専門会合の価格高騰検証取りまとめによれば、売り札は売り切れ状態となり、買い入札によって約定価格が決定されていた状況の中、インバランス料金単価が市場価格を大きく上回る状況が継続的に発生したことを受けて、不足インバランスを避けたい小売電気事業者が限られた玉を奪い合う構造となり、高値買いが誘発され、それが更なる市場価格・インバランス料金単価の上昇をもたらすという、スパイラル的な高騰が発生したものと分析されています。価格高騰検証取りまとめにおいては、旧一般電気事業者等による相場を変動させることを目的とした売り惜しみ等の問題となる行為は確認されていないと結論づけられていますが、２０２１年1月12日から15日までのスポット市場の最高価格が4日連続して２００円（最高は２５１円）を超えるなど、長期間にわたりスポット市場価格がこれほどまでの高値を記録することは、小売電気事業者として想定していなかった事象といえます。

（２）市場価格高騰を踏まえた対応（各検証結果取りまとめ前に実施された対応）

市場価格高騰を踏まえて、経済産業省は、一般送配電事業者に対して、２０２１年1月17日から6月30日までの間のインバランス料金の上限価格を２００円／ｋＷｈとするよう要請し、託送供給等約款の特例認可が行われました。また、同年1月22日以降、市場参加者からの要請を受ける形でスポット市場の需給曲線が公表されました。これらの対策により、スポット市場の価格も２００円を超えることはなくなり、1月25日の週で概ね鎮静化しました。

また、市場価格の高騰を受けて、スポット市場により電力を調達している事業者の収支が著しく悪化することとなりました。これに対する対応の一環として、経済産業省は一般送配電事業者に対して、1月分のインバランス料金等については、分割払いを認めるよう要請し、事業継続性があることや一定の需要家保護策を講じていること等を条件として、分割払いを認める託送供給等約款の特例認可が行われました。分割払いの回数は当初最大5カ月でしたが、その後、1月のインバランス料金の速報値と確報値に大きな乖離が生じていることが判明しました（1カ月平均でも速報値が59円／kWhであったのに対し確報値は78円／kWhの差が発生）。これにより、速報値をベースとして資金調達をしてきた事業者としては、更なる資金調達が必要となったことから、分割払いの回数は、最大9カ月まで延長されています。その他、経済産業省における相談窓口や経済産業省によるJEPX・金融機関等への柔軟な対応の要請等が実施されています。

（3）検証結果を踏まえた対策

前記の各検証のとりまとめにおいては、前記の検証結果を踏まえて、次の対策を実施することが示されています。ここでは、全てを取り上げることはできませんが、2020年度冬の需給逼迫・市場価格高騰問題において特に重要と思われる施策に絞って解説します。

（a）需給逼迫関連

・需給検証内容の拡充

２０２０年度冬の需給逼迫の要因がＬＮＧの在庫（ｋＷｈ）不足であったことから、２０２１年度の冬の需給検証から、需給検証の内容を拡充し、ｋＷのみならずｋＷｈの評価も実施することとされています。

・燃料確保の体制整備

燃料不足への対応策として、燃料調達のリードタイムと燃料確保が必要となるタイミングが合わないケースの発生を予防するための、ｋＷｈ不足を考慮した燃料確保の方向性を示すガイドラインを策定することとされています。電気事業法上は、一般送配電事業者との調整力等を提供する場合を除き（電気事業法第27条の28参照）、発電事業者には供給義務は課されていないことを踏まえると、燃料の確保については、例えば託送料金を原資として国全体として供給力を確保する仕組みづくりも考えられるところですが、今回は、ソフトな手法として、燃料確保に関するガイドラインを策定する方向性が示されました。

・需要サイドの対策（ＤＲ等の拡充）

需給逼迫時においては、需要側の対策も重要といえます。実際に２０２１年１月に発動した電源Ⅰ´の需要抑制量は、全国で約13ＧＷｈにのぼり、今回の需給逼迫においても、アグリゲーターが集約したＤＲ等が有効であることが示される結果となりました。需給逼迫等検討取りまとめにおいても、分散型リソースやアグリゲーターの持つ価値が適切に評価される市場環境整備の重要性が確認されており、今後ともＤＲを含む分散型リソースを活用しやすい仕組みづくりが求められるところです。

・事業者の責任・役割の在り方

構造的な問題として、前記のとおり、電気事業法上は、一般送配電事業者との調整力等を提供する場合を除き、発電事業者には供給義務は課されておらず、小売電気事業者に供給能力の確保義務が課されています（電気事業法第2条の12第1項）。このような、事業者の責任・役割の在り方も燃料確保の責任等とも密接に関わってくるところであり、検討を深めていくこととされています。

なお、市場高騰の問題になりますが、小売電気事業者として供給能力の確保義務が課されていることも、２０２０年度冬の価格高騰において高値で買い札を入れた理由として聞かれるところです。そのため、市場調達が困難な場合における小売電気事業者の供給能力の確保義務の在り方については、スポット市場等における入札行動に影響を与えるものであり、併せて検討が進められることとされています。

（b）市場高騰関連

・スポット市場等への入札透明性の確保

２０２０年度冬の市場価格の高騰においては、旧一般電気事業者等による相場を変動させることを目的とした売り惜しみ等の問題となる行為は確認されなかったところですが、市場への信頼性を高める観点から、市場シェアが高い事業者のスポット市場等における入札の透明性を高めることは重要といえます。この観点から、相場操縦行為の更なる明確化や燃料制約や揚水運用に関する統一的な基準の策定に向けた検討を行うこと等が示されています。併せて、燃料不足が懸念される場合等における旧一般電気事業者による限界費用ベースの入札の在り方の見直しやグロス・ビディングの在り方の見直しなどについても検討をすることとされています（それぞれ、第2節 コラム 余剰電力の限界費用ベースでの入札、同8の「今後」参照）。

・情報公開の拡充

市場の透明性や公正性を確保すること、また需給の状況等を反映した適切な価格形成を図るためには、情報開示の充実も重要となります。前記のとおり、既に、スポット市場の需給曲線の開示は実施されているところですが、これに加えて、一般送配電事業者が提供する「でんき予報」の情報を拡充すること等が示されています。燃料制約に関する情報については、燃料調達に影響する可能性もあり慎重な対応が必要と思われますが、燃料制約を含めた発電情報については、監視等委員会において、より公開する内容を充実させる方向で議論が進められており、バランスの取れた議論が期待されるところです。

・ｋＷｈ不足に対する市場のセーフティネットの整備（インバランス料金上限の設定）

供給力が適切に市場に供出されているとしても、スポット市場において売り入札量が不足することはありうるところであり、これによる市場価格の高騰が生じることがありうるところです。このような場合にも、市場価格が調整力のコストや需給逼迫状況から乖離して上昇することがない仕組みづくりが必要となります。

この観点からは、市場価格自体に上限を設けることもありうるところですが、市場参加者は、インバランス料金も睨みながらスポット市場等への入札を実施することも踏まえ、ｋＷｈ不足に対する市場のセーフティネットとして、インバランス料金の上限を設定する方向性が示されています。具体的には、２０２２年度以降の新たなインバランス料金制度の導入に先立ち、暫定的なインバランス料金価格の上限として、前日夕方時点の「でんき予報」の予備率（使用率ピーク時）が複数エリアで３％以下となる場合は、２００円／ｋＷｈを２０２１年７月１日以降も継続すると共に、それ以外の場合は、２０２１年度の上半期を目指して80円／ｋＷｈとする方針が示されています。

「でんき予報」の予備率は、ピーク時のｋＷに着目して情報発信がされており、ｋＷｈベースの情報が必ずしも反映されているとはいえません。そして、前日夕方時点の「でんき予報」の予備率（使用率ピーク時）が複数エリアで３％以下となる場合以外で市場価格が高騰するのは、電源等のｋＷｈが不足すると評価できる場合であり、そのことは市場参加者にとって予見が困難な事情であることから、このような場合はインバランス料金の上限価格を２００円／ｋＷｈより引き下げるという対応が行われているものです。

なお、２０２２年度以降のインバランス料金制度についても適切であることの検証を別途行う方向性が示されていますが、この新たなインバランス料金制度の詳細は、第３節４をご参照ください。

・ヘッジ取引の活性化

スポット市場は、価格変動リスクを伴うものであることから、小売電気事業者としては、スポット市場にのみ依存しないビジネスモデルの構築が求められるところです。この観点からは、相対契約の比率を増やす、ベースロード市場、先渡市場や先物市場を活用するといった方法が考えられるところです。

相対契約については、本書でも解説をしていますが、旧一般電気事業者による内外無差別の卸供給に関するコミットメントが行われているところですので、一定の市場環境整備が行われているといえるところです。一方、ベースロード市場、先渡市場や先物市場については、市場取引が活性化しておらず取引機会が限定されているという課題があり、市場参加者にとって、活用しやすい仕組みづくりが重要であり、具体的な検討を進めることが示されています。

・インバランス収支の還元

2020年12月から2021年1月における一般送配電事業者各社のインバランス収支は、貸倒損の発生の可能性を勘案しても、合計で370億～460億円の収支余剰が発生する見込みとなっています。

インバランス収支については、収支相償を基本とするため、この収支余剰の還元をする方向性が示されているところですが、託送料金の減額という形での還元か、インバランスを発生させた原因者への還元かといった具体的な還元策においては、引き続き議論をする方向性が示されています。

第2節　市場取引・競争活性化

1　価値に応じた取引（総論）

ポイント
・電力の価値の明確化（kWh価値、kW価値、ΔkW価値、非化石価値）
・新たな市場の整備
・競争活性化と公益的課題（安定供給・カーボンニュートラル等）への対応

2016年4月に小売全面自由化がスタートしましたが、自由化の中では、競争環境の整備が重要であり、併せて、自由化の下での安定供給の確保やカーボンニュートラルの実現といった公益的な課題に対して、どのように対処していくかといった点が重要となりま

図７　市場で取引される価値

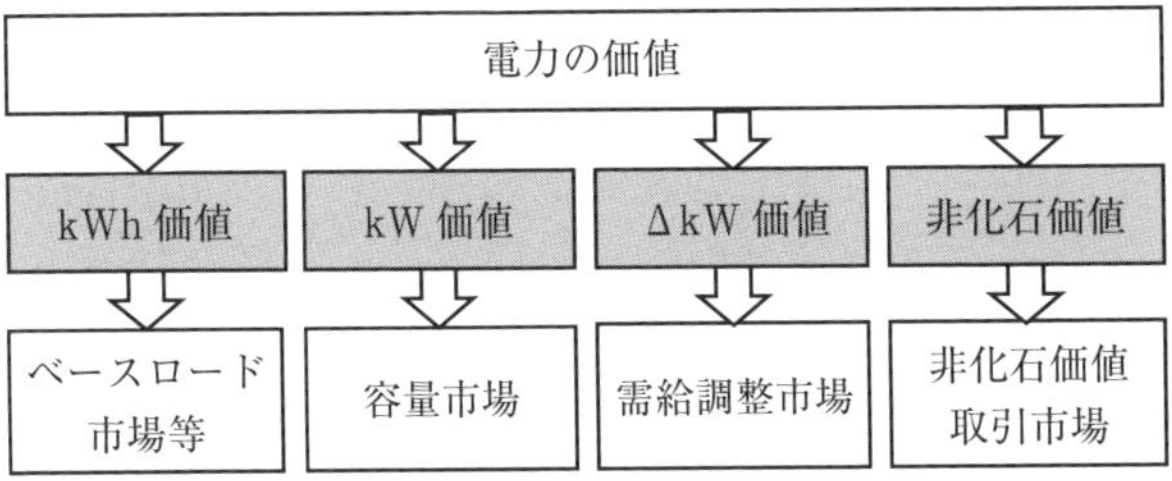

す。

　そこで、経済合理的な電力供給体制と競争的な市場を実現するとともに、引き続き安定供給の確保を図る等といった観点から、更なる市場・ルールの整備に関する制度的措置についての議論が、小売全面自由化の直後（２０１６年９月）から資源エネルギー庁において開始されました。電力システム改革の目的は、「安定供給の確保」、「電気料金の最大限の抑制」、「需要家の選択肢や事業者の事業機会の拡大」ですが、その目的の達成を実効的にすることを目的として、各種制度的措置についての議論が進められています。

　ここでの議論のポイントの一つとしては、これまで必ずしも明確に認識して取引されてこなかった電力の価値を明確にして、その価値をそれぞれの市場において取引をすることとされた点が挙げられます。具体的には、電力の価値について、実際に供給される電力の価値である「ｋＷｈ価値」（電力の供給量）

のみならず、「ｋＷ価値」（電力の供給能力）、「ΔｋＷ価値」（需給調整）、「非化石価値」（非化石電源の環境価値）に区分し、各価値について取引をする市場が創設されました。「ｋＷｈ価値」については、従来のスポット市場や先渡市場に加えベースロード市場が、「ｋＷ価値」については、容量市場が、「ΔｋＷ価値」については、需給調整市場が、「非化石価値」については、非化石価値取引市場が創設されました。各価値とそれぞれ取引される市場についてのイメージは**図7**のとおりです。

次項から、新たな市場である、ベースロード市場、容量市場、需給調整市場及び非化石価値取引市場について、概略を説明します（※）。

（※）前記の各市場のうち、主として、競争環境の整備という観点からベースロード市場が、安定供給の確保といった観点から容量市場や需給調整市場が、エネルギー供給構造高度化法の目標達成やCO_2排出量の削減といった観点から非化石価値取引市場が創設されています。

2　ベースロード市場

ポイント
・新規参入者のベースロード電源へのアクセスを確保
・旧一般電気事業者等にベースロード電源の供出を義務付け
・将来的には、常時バックアップ制度に基づく供給は廃止へ

背景

石炭火力、大型水力、原子力などといったベースロード電源（コストが比較的安く、天候、昼夜を問わず安定的に発電できる電源）は、主として、中長期断面でみた需要家のベース需要に対応する、安価で安定的な供給力として位置づけられるものになります。もっとも、これらの電源の大半は旧一般電気事業者が保有している一方、新電力はベースロー

ド電源をミドル電源（天然ガス火力など需要の変動に応じて出力を調整できる電源）で代替をしているという実態があります。これを踏まえて、競争活性化の観点から、主に新電力のベースロード電源へのアクセスを確保するための市場として、ベースロード市場が導入されることになりました。

概要

ベースロード市場の一つのポイントは、沖縄電力を除く旧一般電気事業者と電源開発株式会社（以下、総称して「旧一般電気事業者等」）に対して、一定量のベースロード電源の供出が制度上義務付けられた点にあります。

供出する量については、新規参入者の需要量にベースロード比率（56％）を乗じた量に、一定の調整係数（1～0・67）を乗じた量とされています。当初の調整係数は1ですが、新電力のシェアに応じて低下し、新電力シェア30％時点で下限値の0・67となります。

また、ベースロード市場は、先渡取引の一種であるため、スポット市場で受け渡しが行われます（※[1]）。ベースロード市場は、年3回（7月上旬、9月上旬、11月上旬）開催され、翌年の4月から受渡開始の1年単位の商品が取引されますが、市場分断の頻度を考慮し、北海道エリア、東北・東京エリア、西エリアに区分されます。

買い手の購入上限量は、ベースロード市場はベース需要に対応するための電力を調達する市場であることから、自社のベース需要となります。

新電力にとっては、ベースロード電源の調達の選択肢が広がったという意味では意味のある制度といえます。一方で、高圧・特別高圧需要の３割、低圧需要の１割については、引き続き旧一般電気事業者から常時バックアップ制度（２０００年３月の小売部分自由化に合わせて導入。卸市場が活性化するまでの暫定措置という位置づけで、段階的にベースロード市場へ役割を移すことになっている。２０２０年７月に原則将来的な廃止の方針を表明）に基づき卸供給を受ける選択肢も現状は残されています。実際に、どの程度ベースロード市場でベースロード電源を調達するかについては、常時バックアップの価格とベースロード市場価格の比較や、スポット市場における価格の見通し及び相対契約（※2）により調達できるベース電力の量を踏まえて、判断をすることになると思われます。


（※1）ベースロード市場とは別に、ＪＥＰＸにおいては、２００９年から先渡市場が設けられています。ベースロード市場と比較しても取引が活性化しているとはいえない状況ですが、今後は、この先渡市場の利便性の向上に向けた取り組みも検討課題の一つと思われます。な

表7　ベースロード（BL）市場と先渡市場の違い

	ベースロード（BL）市場	先渡市場
特徴	新電力によるBL電源へのアクセスを容易にすることを目的とし、BL電源による電気の供出を制度的に求め、新電力が年間固定価格で購入可能	商品ごとに実需給の3年前（年間商品）から3日前（週間商品）まで取引でき、小売電気事業者が中長期的に必要な供給力を固定価格で購入可能
創設時期	2019年7月	2009年4月
市場管理者	JEPX	JEPX
主な取引主体	・売入札：旧一般電気事業者、電源開発（新電力も制限されていない） ・買入札：新電力（自エリアを含む市場以外では、旧一般電気事業者も制限されていない）	小売電気事業者、発電事業者
取引商品	燃料費調整等のオプションがない受渡期間1年の商品	・年間商品（受渡期間：1年間） ・月間商品（受渡期間：1カ月） ・週間商品（受渡期間：1週間） ※年間商品は24時間型のみ。月間・週間は24時間型と昼間型（平日8～18時）
取引方法	・シングルプライスオークション ・受渡年度の前年度に年3回（7、9、11月）オークション開催（※）	・ザラバ方式 ・毎営業日に開催
受渡方法	スポット取引を通じて受渡し	スポット取引を通じて受渡し
市場範囲	北海道エリア、東北・東京エリア、西エリアの3市場	東日本（北海道、東北、東京）、西日本（中部、北陸、関西、中国、四国、九州）の2市場
取引単位	100kW	30分単位で500kW
取引手数料	売買とも、約定した入札1件当たり1万円（税別）	売買とも、約定した入札1件当たり ・年間商品：1万円（税別） ・月間・週間商品：1000円（税別）
預託金	受渡しが完了していない商品の買い代金×0.03	先渡取引の商品基準時差額の合計
2019年度売買実績	46.8億kWh（需要量の0.56%）	0.5億kWh（需要量の0.005%）

（※）　2021年度以降は年4回の予定
出所：制度検討作業部会資料

お、ベースロード市場と先渡市場との違いは、**表7**のとおりです。

結する、ベースロード市場と同等の価値を有する相対契約（負荷率最低70％かつ受給期間6カ月以上）については、その取引量を、旧一般電気事業者のベースロード市場への供出義務量から10％を上限として控除するとされています。新電力としては、旧一般電気事業者等との間で1年以上の長期間の相対契約を締結することも考えられ、後述の卸取引の内外無差別の原則（第2節7参照）と共に、旧一般電気事業者等から相対の卸供給を受ける余地も拡大しているといえます。

今後

2019年度（2020年度受渡し）、2020年度（2021年度受渡し）に行われた取引の結果は**表8**のとおりとなります。

これをみると、取引前年度のエリアプライスを下回っているにもかかわらず、売り入札量に対し、買い入札量が3分の1〜4分の1に留まっており、かつ約定量も買い入札量の約5〜7％程度に留まっているのが実情ですが、2020年度冬の市場価格の高騰によりヘッジ手段の活用の重要性も再認識されたところです。このため、スポット市場を通じたリスクヘッジ手段の一つとして、ベースロード市場の利用拡大が進むよう、政策的な取り

表8　ベースロード市場のオークション実績

エリア	2019年度取引（2020年度受渡し）				2020年度取引（2021年度受渡し）			
	売入札量（億kWh）	買入札量（億kWh）	約定量（億kWh）	約定価格（円/kWh）	売入札量（億kWh）	買入札量（億kWh）	約定量（億kWh）	約定価格（円/kWh）
北海道	62.3	26.2	2.4	12.43	80.8	20.4	1.0	8.92
東日本	898.9	358.7	27.0	9.71	944.9	318.6	9.4	7.50
西日本	902.1	262.2	17.3	8.62	992.2	220.0	18.6	6.22
総　計	1863.4	647.1	46.8	—	2017.9	559.0	29.1	—

※約定価格は、各界の約定量と約定価格から年間の加重平均価格を算出

（参考）年間平均スポット価格

エリア	基準エリアの2018年度エリアプライス（円/kWh）	基準エリアの2019年度エリアプライス（円/kWh）
北海道	15.03	10.73
東日本	10.68	9.12
西日本	8.88	7.17

出所：制度検討作業部会資料

組みの重要性も認識されているところです。

短期的な対策として、次の対策を取る方向性が示されています。

①オークションの実施時期の追加

市場開設時期を新電力等の買い手事業者による翌年度の公共入札や相対契約の交渉等が1～2月に本格化することも踏まえ、これまでのオークションの時期に加えて、2022年1月下旬にも実施する方向性が示されています。ただし、1月下旬に開催されるオークションにおける旧一般電気事業者等による売入札への参加は、その供給計画策定等への影響を勘案し、任意参加とされています。

②利便性向上に向けた預託金水準の見直し

現在のJEPXの取引規程上、買代金に一律

３％を乗じた額が預託金とされており、その水準が買入札事業者の負担となっている等の指摘があり、ベースロード市場の利便性向上に向けた預託金水準について具体的な検討を進める方向性が示されています。

ベースロード市場に対しては、事業者の価格固定ニーズが乏しいのではないかといった指摘もされているところです。まずは、事業者のニーズを踏まえて、ベースロード市場の利便性向上に向けた取り組みが重要ですが、今後は、中長期的なベースロード市場の在り方を踏まえた検討も必要となるものと思われます。

３　容量市場

ポイント
・中長期的に必要な供給力を確保する手段
・広域機関によるオークションで供給力を調達

・小売電気事業者が容量拠出金を支払い
・既存契約の見直しが必要
・第1回のオークション結果を受けて見直しへ

背景

小売全面自由化により、電源（発電所）の投資回収の予見性は、総括原価による確実な投資回収が見込まれた全面自由化前と比較して低下しています。加えて、FIT制度等を通じて太陽光を中心に再エネの導入が進んでいますが、太陽光などは、燃料費等がかからないことから限界費用が0円の電源といわれています。そのため、スポット市場においては競争力の高い電源となり、この電源の導入が進むと、スポット市場の価格が低下することになります。そうなった場合、再エネのバックアップとして必要な火力電源等が競争力を失い、その稼働率が低下することが予想されます。また、優先給電ルールにより、エリア全体の供給量が需要量を上回る場合、太陽光や風力といった自然変動電源より先に火力電源を最低出力まで抑制することが求められます。このため、自然変動電源の導入が進むと、この点からも供給力として必要な火力電源等の稼働率が低下することが予想されます。

このような状況の下では、適切なタイミングにおいて発電投資を行う意欲を減退させる可能性があり、その結果、将来的に供給力が不足することで、市場価格が高止まり、適切な需給調整ができず、安定供給に支障をきたすおそれが生じることになります。

概要

前記の背景を踏まえ、効率的に中長期的に必要な供給力を確保するための手段として、容量市場が導入されることになりました。

（1）全体像

容量市場においては、市場の運営主体である広域機関が一括して必要な供給力をオークションにより調達することになります。調達する供給力は1年単位とし、オークションの実施時期は、実需給の4年前にメインオークションを行い、1年前に追加オークションを行います。

オークションに参加するためには、参加登録が必要となりますが、１０００kW以上の電源（自家発電源を含む）のみならず、ＤＲ（ピーク時間帯等必要な時に需要サイドをコントロールすることにより供給力を供出するディマンドリスポンスをいう）なども100kW以上にアグリゲート（集約）すれば、参加登録が可能となります（以下参加登録が認められるものを「電源等」という）。

落札した電源等の事業者は、広域機関と容量確保契約を締結し、実需給の断面において、kW価値を広域機関へ提供し、その対価として、広域機関から容量確保契約に基づきオークションにより落札した金額（以下「容量確保契約金額」）が支払われます。ただし、この容量確保契約には、従うことが求められるリクワイアメントとそれに違反した場合の金銭的なペナルティが定められており、容量確保契約に基づき支払われる金額も、金銭的ペナルティが課された場合、その分、減額されます（年間の上限額は、容量確保契約金額の110％となっているため、場合によっては、落札した電源等の事業者が支払いをする場合もありえる）。

他方、小売電気事業者は実需給の断面において、広域機関の業務規程に基づき、販売電力量に応じて容量拠出金を支払うことになります（※）。この容量拠出金の支払いについては、いわば会費としての性質を有しており、電気事業法上、小売電気事業者が負っている中長期的な供給力確保義務履行のための手段として位置付けられることになります。

図８　容量市場における契約関係

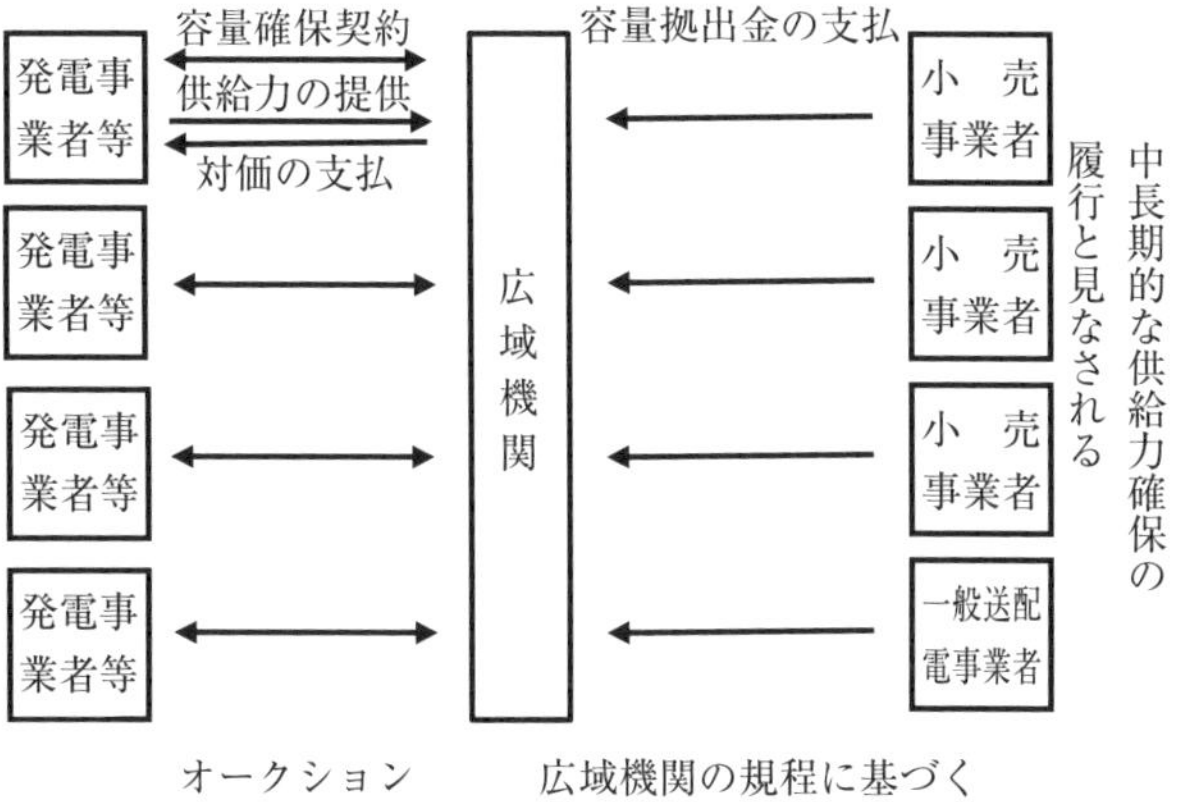

この容量拠出金の負担については、自らが需要家に供給する電力に対応する固定費は自ら負担すべきという基本的な考え方に則っており、これ自体本来はあるべき姿といえます。もっとも、１００％卸電力取引市場で電力を調達していた事業者等、これまで自らが販売する電力に対応する固定費を負担していない事業者の場合は、従来と比較して負担が増えることになります。

容量市場における契約関係は、**図８**のとおりです。

（※）２０２０年度に開催された初回オークションにおいては、小売電気事業者による負担の激変緩和措置として、２０１０年度以前に建設された電源については、一定の控除率を設定して支払額を減額することとされていました。これは2029年度まで継続することとされていましたが、見直しが行われています。2021年度以降における新たな小売電気事業者に対する負担軽減策については、「今後」をご参照ください。

(2) 既存の相対契約の見直し

(a) 見直し要否のメルクマール

容量市場の導入前に締結している既存契約を見直す必要があるか否かのポイントは、kW価値の取引が既存契約に基づく取引の対象に含まれていたか否か、という点となります。

既存契約には、通常の卸契約として、基本料金及び従量料金を支払うこととなっている二部料金制や従量料金のみを支払う一部料金制があり、また、基本料金と燃料費を除く従量料金のみを支払い、電気を買い取る事業者が発電用燃料を自ら調達して発電所へ供給する「トーリング契約」等、様々な契約形態が存在します。二部料金制やトーリング契約の場合、基本料金相当分は固定費相当額に該当するため、基本的にはkW価値が含まれていることを原則として考えることができます。一方、従量料金のみの一部料金制の場合、kW価値が含まれているか否かはケースバイケースであり、特に、複数の事業者へ売電がされている場合は、既存契約においてｋＷ価値が取引の対象となっていたか否かは小売電気事業者にとっては明らかではなく、この点で協議に時間を要する可能性があります。

仮に、既存契約に基づく取引の対象にｋＷ価値が含まれていない場合は、既存契約の見直しは不要となります。

（b）見直しのポイント

・基本的な考え方

ｋＷ価値が既存契約において取引の対象となっていた場合、その契約の見直しが必要となりますが、基本的には、既存契約における月々の料金から容量確保契約金額を差し引くといった見直しが必要となります。

既存契約見直しの基本的なイメージは、**図9**のとおりとなります。

・ペナルティが課されることにより容量市場からの受取額が減少する場合の考え方

容量市場では、容量確保契約を締結した事業者に対して、容量確保契約金額の全額が支払われる場合もあれば、ペナルティが課されることにより、全額ではなく一部となる場合もあります。

小売電気事業者が支払う容量拠出金は、ペナルティが課される前の容量確保契約金額の

図9　既存契約見直しのイメージ

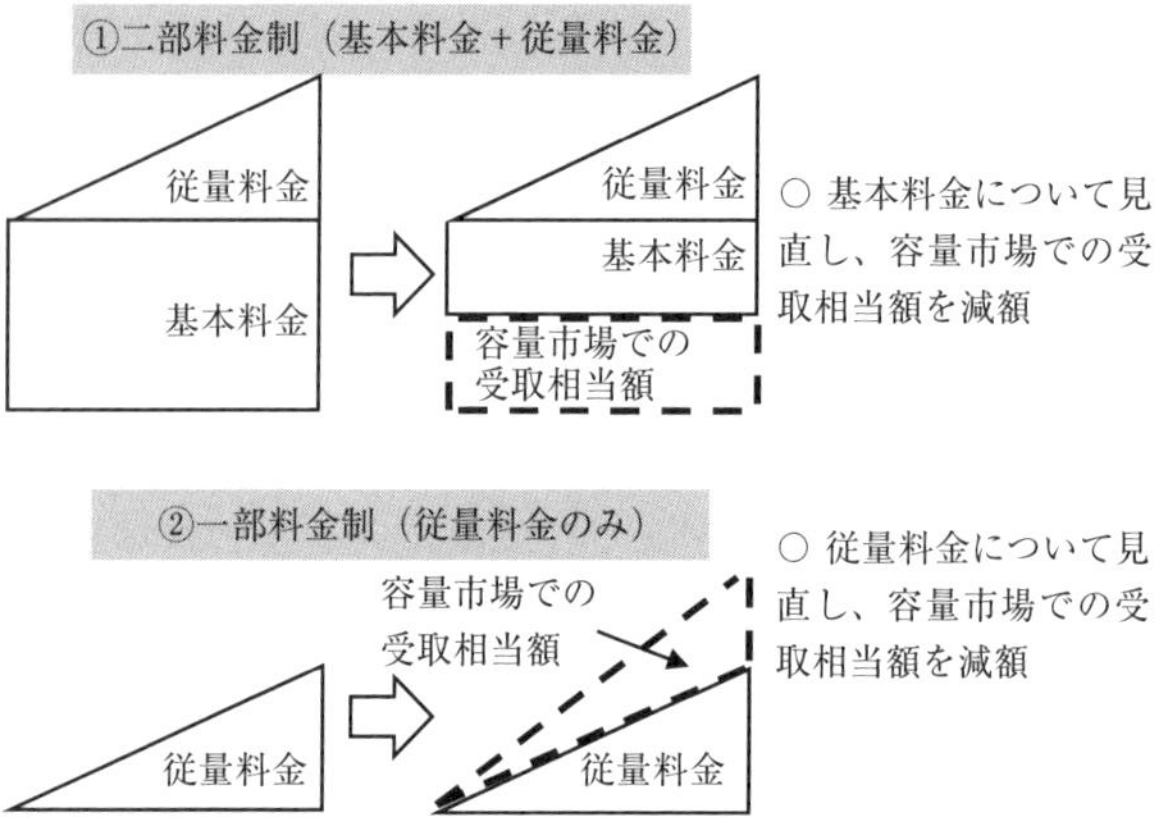

※従量料金に固定費相当額が含まれていないような場合は見直さないこともあり得る

全額を支払うことを前提とした金額となるため、小売電気事業者としては、このリスクは発電事業者が負うべき（＝本来受け取ることができた容量確保契約金額の全額に相当する金額を控除）と考えるところです。他方、発電事業者としては、ペナルティを課されたことにより容量市場で受け取れなくなった場合、固定費が回収できなくなるといった問題も生じうるところです。

このペナルティを課されたことによるリスクを発電側、小売側どちらが負担すべきかという点については、基本的にはペナルティが課される事象について、既存契約においてどのようなリスク分担がされていたか、といった点を基本として考えるべきと思われます（※）。

（※）既存契約見直し指針（容量市場）においては、「収入額の減少が生じた事由ごとに、（イ）発電事業者等の収入額変更の原因や背景、（ロ）契約締結時における料金やリスク負担の考え方及び（ハ）いずれか一方に著しい負担が発生しないかといった観点から検討を行いつつ、協議を行うことが適切と考えられる。」（同指針3 3、4頁）とありますが、既存契約との関係では、（イ）や（ハ）についても、基本的には既存契約における整理を踏まえて協議すべき事項と思われます。

・容量市場へ入札すべきか、落札されなかった場合のリスク分担の在り方

これは、容量市場で落札したことを前提とした議論ですが、そもそも既存契約の発電事業者は、容量市場に入札すべきでしょうか。

この点、容量市場においては、入札の義務はないものの、落札しないと供給力としてカウントしないこととされています。そのため、小売電気事業者としては、既存契約の発電事業者に対して容量市場へ入札することを求めることになり、事実上、既存契約の発電事業者による入札が求められることになるといえるでしょう。この点は、既存契約を見直す

際に、どのような入札行動をするか（※）、といった点も含めて、合意しておくことが適切と思われます。

また、前記の合意をしたにもかかわらず、入札しなかった場合や入札したものの落札されなかった場合のリスク分担については、それが合意した内容を逸脱したことによる場合は、発電事業者がリスクを分担すべき（＝落札すれば受け取ることができた容量確保契約金額の全額に相当する金額を控除する。）といえますが、そうでない場合は、発電事業者のみがリスクを負うというのは適切ではないと思われます。

（※）既存契約を締結している発電事業者としては、確実に落札するためには、0円で入札することは一つの合理的な経済行動といえます。もっとも、合理的な経済行動はこれのみに限られるものではなく、既存契約があったとしても、小売電気事業者の信用リスクや契約継続リスク等を踏まえ、既存契約ではなく、容量市場から投資を適切に回収することを第一に考えて入札金額を設定するというのも合理的な経済行動の一つと考えられるところです。

今後

2020年7月に2024年度の供給力を対象として、2020年度に第1回のメインオークションが行われ、同年9月に約定結果が公表されました。

表９　2020年度落札結果の概要

全国約定の結果

	約定総容量（kW）	約定総額（経過措置控除後、円）
全　国	167,691,648	1,598,741,200,454

エリアごとの詳細

エリア	約定価格（円 /kWh）	約定容量（kW）	約定総額（経過措置控除後、円）
北海道	14,137	5,931,674	55,423,740,938
東　北	14,137	17,652,765	172,065,583,278
東　京	14,137	52,980,791	533,957,812,195
中　部	14,137	25,276,498	239,894,145,880
北　陸	14,137	5,472,871	48,163,218,067
関　西	14,137	28,343,041	263,665,271,051
中　国	14,137	7,657,972	66,165,627,292
四　国	14,137	7,018,482	63,189,463,641
九　州	14,137	17,357,554	156,216,338,112

出所：容量市場メインオークション約定結果（対象実需給年度：2024年度）

　その結果は、**表９**のとおりですが、約定価格が全エリアで上限価格よりも１円低い１万４１３７円／ｋＷとなりました。

　この結果に対しては、負担が増加する新電力を中心に批判の声が上がり、内閣府再エネタスクフォースにおいては、構成員の一致した意見として容量市場の凍結が提言されました。また、非効率石炭のフェードアウト、２０５０年カーボンニュートラルの実現との整合性を確保する観点から見直す必要があるといった声も上がりました。

　第１回のメインオークションに関する監視等委員会による監視の結果、売り惜しみや価格のつり上げといった問題事例はなかったと結論付けられていますが、これらの見直しの声を受けて、2025年度の供給力を対象とする2021年度の容量市場のメインオークションに向けて、次の観点から、見直しが行われています。

・供給力の管理・確保

供給力として必要な設備容量は確保することを前提としつつ、売り惜しみを防止し応札の透明性を向上させる観点から、原則として、市場支配的事業者（2021年度・実需給2025年度オークションでは500万kW以上）に対して全ての電源に応札を求めることとし、一定の場合を除き、応札をしない場合は監視等委員会による事前の確認を経ることとされています。

また、DR枠を3％から4％に拡大すると共に、自家用発電設備の容量市場への参加や未稼働原子力の稼働など実需給に近くなるほど顕在化する供給力もあるとして、2020年度のオークションでは「メインオークションで目標調達量の100％」を確保することとしていたのを「2021年度（実需給2025年度）のメインオークションでは目標調達量の98％」を「実需給年度（2025年度）の1年前に実施するオークションで2％」を確保する変更が行われました。

・価格決定手法の抜本的な見直し

小売電気事業者の激変緩和措置として従来の経過措置が廃止され、それに合わせて、経過措置が適用された容量収入のみでは電源の維持が難しい電源について電源を維持する目的で認めていた経過措置による控除率の逆数をかけて入札をする逆数入札も廃止しました。そして新たな激変緩和措置として、①電源等の経過年数、②約定価格に応じた減額をあわせて導入することになりました。具体的には、２０２１年度（実需給２０２５年度）オークションでは①は７・５％、②は18％の控除率が設定され、２０２６年度（実需給２０３０年度）までの間に徐々に減らしていくこととされています。ただし、この控除率のうち、①については、発電事業者にとっては、経過措置が適用された容量収入のみでは電源の維持が難しい場合でも逆数入札が認められないことから、このような電源の退出が促されることが懸念されます。

また、入札価格の透明性を高める観点から、事後監視に加えて、市場支配的事業者が前年度のＮｅｔＣＯＮＥ（※）を上回る価格で入札する場合に、監視等委員会による入札価格の事前確認制の導入等が行われました。

併せて、事業者名、電源ＩＤ、落札容量について、約定結果の情報公表をすることとされました。

（※）容量市場での回収が必要な固定費として決定されます。一定のモデルプラントを前提として、新規発電設備の固定費から、他市場から得られる固定費相当額を差し引いたものです。

２０２０年度（実需給２０２４年度）は９４２５円／ｋＷ。

・２０５０年カーボンニュートラルとの整合

非効率な石炭火力について、設備利用率に応じて減額を行うインセンティブ措置として、設計効率（超々臨界圧・ＵＳＣ並みの発電効率42％以上／未満）を基準とし、50％超の設備利用率だった場合、20％の減額を行う稼働に対するディスインセンティブ制度を導入しました。

２０２０年度（実需給２０２４年度）メインオークションの約定結果が高かったかについては、国全体の固定費と比較して取りすぎている否かを見て判断すべきと考えています。そして、今回の容量拠出金の総額でも国全体の固定費の回収はできていない状況にあるところですので、２０２０年度（実需給２０２４年度）メインオークションの約定結果が高かったと一概に評価はできないところです。

２０２１年度（実需給２０２５年度）のメインオークションは、９～10月頃に開催されることが予定されています。競争環境確保の観点からは、新電力の負担軽減という視点は重要だとしても、小売電気事業者の負担を減らすとしても発電事業者等に対する支払いを減額しない方策を検討する等、必要な供給力の確保という観点から、今後もバランスの取れた議論が求められます。

コラム　新規電源投資の確保について

安定供給の確保のためには、中長期を見据えた電源投資が重要となりますが、容量市場は、４年後に確実に稼働できる供給力を確保するための制度といえます。そのため、容量市場はそれ単独では、新規の電源投資に必要な長期的な予見可能性を付与することは難しいところです。

また、２０５０年カーボンニュートラルの実現に向けては、脱炭素電源の導入を早期に進めていくことが重要となります。

このため、現行の容量市場により中期的な安定供給に必要な供給力を確保しつつ、新たな制度措置によって新規投資を進め、国民負担を最大限抑制しながら、電源の新陳代謝を促していくことを目的として、2050年のカーボンニュートラルの実現と安定供給の両立に資する電源を対象に、現行の容量市場の入札とは別途、入札対象を新規投資に限定した入札を行い、容量収入を得られる期間を「1年間」ではなく「複数年間」とすることで、巨額の初期投資の回収に対し、長期的な収入の予見可能性を付与する制度の導入が検討されています。2050年のカーボンニュートラルの実現と安定供給の両立に資する電源としては、原子力やFIT制度・FIP制度の適用を受けない再エネや変動再エネの余剰を吸収することにも資する揚水発電などが考えられるところです。

また、制度設計にあたっては、諸外国と異なる事情として、電源建設にあたっての調査や地元調整、環境アセス等に長期間を要する場合が指摘されており、電源建設のリードタイムを十分に考慮する方向性が示されています。

新規の電源投資確保策は、脱炭素化の促進と安定供給の両立の観点から重要ですので、新規の電源投資に資する制度設計が望まれるところです。

また、2050年のカーボンニュートラルの実現に向けては、既設の原子力の再稼働の問題は避けて通れないと思われます。今後は、この点も踏まえた脱炭素電源の新規投資・維持のために必要な制度作りが求められるところです。

4　需給調整市場

ポイント
・調整力公募（年間調達）から需給調整市場（週間調達）へ
・段階的に広域運用・広域調達を実施
・三次調整力②が２０２１年４月分の調整力より取引開始

背景

現在、一般送配電事業者が最終的に需要と供給を一致させる供給力である調整力（ΔkW）は、後述する三次調整力②を除き、一般送配電事業者が自ら実施する調整力公募により調達しています。現在の調整力公募は、実務面の制約から年間調達が基本となっていますが、これによって、電源等の余力を提供することができず調整力市場の活性化が図られない、実際の需給を反映した調整力コストとなっていない、といった課題がありました。また、調整力公募は、一般送配電事業者ごとに実施されているため、広域的な調整力の融通を基本的に想定しておらず、広域メリットオーダーが図られていないのではないか、といった課題も指摘されていました。

概要

これらの課題に対処するため、導入されたのが需給調整市場です。

需給調整市場は2021年3月31日、4月1日分から取引が開始されましたが、それに先立つ3月17日、需給調整市場の開設に向けて、市場運営者である沖縄電力を除いた一般送配電事業者は、「電力需給調整力取引所」を共同で設立しました。「電力需給調整力取引所」は、法人格はなく一般送配電事業者9社による組合組織ですが、その内部に監査委員会等も具備し、一般の組合と比較すると、ガバナンス機能が強化されています。また、電気事業連合会から独立した送配電網協議会が市場運営業務を受託し業務を実施しています。

需給調整市場は、ΔkWを取引する市場ですが、「ΔkWを取引する」とは、次のような状態をいいます。

①売り手

ΔｋＷを発電事業者などの電源等の保有者が当該提供をする時間帯に商品ごとに必要な能力を持った調整電源を落札した量、買い手が調整できる状態に維持し、指令を受けた場合はそれに応じる義務を負うこと（この義務を履行したことによる対価を受領）

②買い手

一般送配電事業者がΔｋＷを調達した時間帯に必要な能力を持った調整電源を調達した量、買い手が調整できる状態で確保し、必要なときに指令できる権利をもつこと（この権利を取得したことによる対価を支払い）

なお、実際に調整力として発動した場合に生じた電力量（ｋＷｈ）に対しても対価が発生し、これが２０２２年度以降のインバランス料金の指標となります。

需給調整市場は、週間調達を基本としています。これにより、調整力コストに実際の需給をより正確に反映することが可能となり、小売供給だけでなく、調整力まで含めた電力市場全体の競争活性化が見込まれることになります。容量市場への参加がメインとなると思われるものの、ディマンドリスポンス（ＤＲ）の参入も従来と比較して容易となるといえます。

また、需給調整市場では、広域運用・広域調達を段階的に実施することとしています。これにより、広域化によるメリットオーダーの最適化、調達量そのものの減少が図られることになります。

需給調整市場の商品は、5つに分かれています。概要は**表10**のとおりですが、2021年3月31日から開始された三次調整力②(※)は、前日の朝からJEPXでの取引が閉じる実需給の1時間前(一般に「ゲートクローズ」という。以下「GC」)までの予測誤差を調整することを目的としたものですので、応動時間が長い調整力でも対応ができることから、DR等の参入も期待されるところです。

(※) 計画値同時同量制度(第3節6の「背景」参照)の下では、基本的にはGCまでは、小売電気事業者と発電事業者が調整して需給の一致を図り、GC以降に生じる誤差・変動については一般送配電事業者が確保している調整力で対応することが想定されています。

もっとも、FIT制度の下においては、2017年3月までは小売電気事業者等が買取義務を負っていましたが、再エネ事業者が実質的にインバランス負担をしないために設けられたFITインバランス特例①においては、前日の午前6時に一般送配電事業者から計画値が小売電

表10　需給調整市場の商品の概要

	一次調整力	二次調整力①	二次調整力②	三次調整力①	三次調整力②
指令・制御	オフライン（自端制御）	オンライン（LFC信号）	オンライン（EDC信号）	オンライン（EDC信号）	オンライン
監　視	オンライン（一部オフラインも可）※2	オンライン	オンライン	オンライン	専用線：オンライン 簡易指令システム：オフライン※2※5
回　線	専用線※1（監視がオフラインの場合不要）	専用線※1	専用線※1	専用線※1	専用線または簡易指令システム
応動時間	10秒以内	５分以内	５分以内	15分以内※3	45分以内
継続時間	５分以上※3	30分以上	30分以上	商品ブロック時間（３時間）	商品ブロック時間（３時間）
並列要否	必須	必須	任意	任意	任意
指令間隔	－（自端制御）	0.5～数十秒※4	１～数分※4	１～数分※4	30分
監視間隔	１～数秒※2	１～５秒程度※4	１～５秒程度※4	１～５秒程度※4	未定※2※5
供出可能量	10秒以内に出力変化可能な量	５分以内に出力変化可能な量	５分以内に出力変化可能な量	15分以内に出力変化可能な量	45分以内に出力変化可能な量
最低入札量	５MW（監視がオフラインの場合は1MW）	５MW※1※4	５MW※1※4	５MW※1※4	専用線：５MW 簡易指令システム：１MW
入札単位	１kW	１kW	１kW	１kw	１kW
上げ下げ区分	上げ／下げ	上げ／下げ	上げ／下げ	上げ／下げ	上げ／下げ

※１　簡易指令システムと中給システムの接続可否について、サイバーセキュリティの観点から国で検討中のため、これを踏まえて改めて検討
※２　事後に数値データを提供する必要有り（データの取得方法、提供方法等については今後検討）
※３　沖縄エリアはエリア固有事情を踏まえて個別に設定
※４　中給システムと簡易指令システムの接続が可能となった場合においても、監視の通信プロトコルや監視間隔等については、別途検討が必要
※５　30分を最大として、事業者が収集している周期と合わせることも許容
出所：広域機関　需給調整市場検討小委員会資料

図10　需給調整市場の導入スケジュール

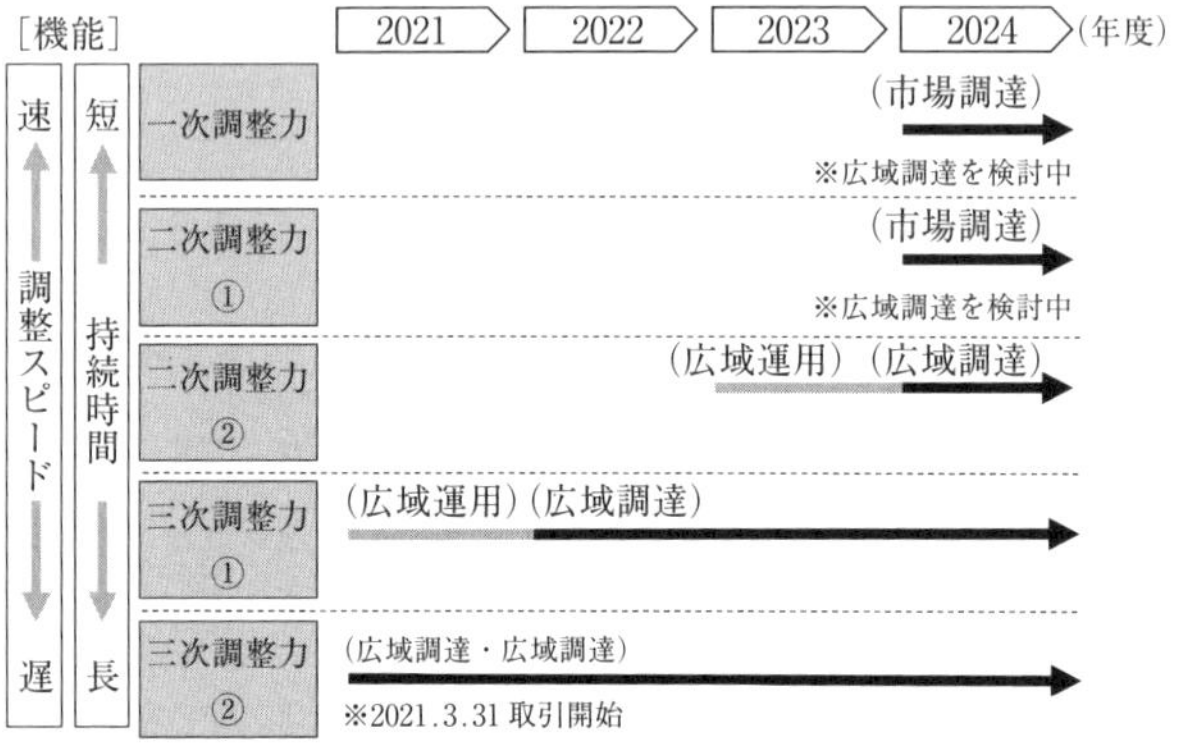

気事業者に通知され、それ以降変更することは基本的には想定されていません。

　また、現在は一般送配電事業者等が買取を行うこととなっていますが、この場合でも買取った電力をスポット市場を介して又は特定卸供給として小売電気事業者に供給することが必要となり、同様に計画値の設定が必要となります。このため、一般送配電事業者も計画値を策定することが必要となり、インバランス精算に準じた会計整理等や計画発電量の設定を行うためにFITインバランス特例③が設けられています。これも同様に前日の朝の時点以降は計画値を変更することは基本的に想定されていません。

　このように、FITインバランス特例①及び③においては、GC前に計画値が決定するため、決定された計画値とGCまでの予測誤差を調整する仕組みが必要となり、それを三次調整力②が担うことが想定されています。

今後

三次調整力②に関しては、取引開始後、4月1日～16日の実績では広域調達により、約18％の調達費用の低減が図られています。一方で、必要量に対して日平均10・5％の未達となっており、必要量に対する調達不足が継続している、及びシステムトラブル等が発生したといった課題が生じているところです。前者については、制度開始当初の過渡的な問題なのか否かという点を見極め、必要な制度的対応を含め検討することが必要となると思われます。

また、各商品の現時点での導入時期は、**図10**のとおりです。三次調整力①は、既に取引規程に関するパブリックコメントが終了し、2022年度に調達を開始することが予定されています。

今後とも、商品ごとに調整力を効率的に調達できる仕組みづくりが重要となります。

5　非化石価値取引市場

ポイント
・エネルギー供給構造高度化法の目標達成を後押し
・非化石価値の取引は全て非化石証書によることが必要
・FIT非化石証書を対象に需要家が取引できる再エネ価値取引市場の創設へ

背景

エネルギー供給構造高度化法により、全ての小売電気事業者は、2030年に自ら調達する電気の非化石電源比率を44％以上にすることが求められています（※[1]）。

もっとも、スポット市場等においては、非化石電源（原子力・再エネ）と化石電源の区別がなく取引が行われています。また、FIT電気の持つ環境価値は、賦課金の負担に応じて全需要家に均等に帰属するとされており、従来はそれ自体を取引することは認められていませんでした。

そこで、非化石価値を顕在化し、取引を可能とすることで、小売電気事業者によるエネルギー供給構造高度化法上の非化石電源調達目標の達成を後押しするとともに、需要家にとっての選択肢を拡大しつつ、ＦＩＴ制度による国民負担の軽減に資することを目的として（※2）、非化石価値取引市場が創設されることとなりました。

（※1）エネルギー供給構造高度化法の目標達成の実効性を担保するため、中間目標が設定されることとなっています。具体的には、3つのフェーズで中間目標を設定することとされており、第1フェーズは、2020年度～2022年度、中間目標達成状況については、3年度の平均で計算することとされています。第2フェーズ以降の期間は具体的に決まっていません。なお、各フェーズにおいては、各小売電気事業者の足元における非化石電源比率を踏まえ、激変緩和措置として、各小売電気事業者の非化石電源の調達状況に応じて目標値を設定する、化石電源グランドファザリングが導入されることとなっており、第1フェーズは、2018年度の非化石電源比率を基礎とすることとされています。

（※2）非化石価値取引市場において、FITの非化石証書を販売したことによる収入は、FIT賦課金の低減へ充てることとされています。

概要

（1）ＦＩＴ非化石価値取引市場

２０１８年５月に、ＪＥＰＸにおいて、先行的にＦＩＴ電気を対象とした非化石価値取引市場（以下「ＦＩＴ非化石価値取引市場」）が創設されました。ＦＩＴ非化石価値取引市場においては、費用負担調整機関（※[1]）が証書発行の主体となり、同機関が証書を販売します。その販売収入については、前記のとおり、ＦＩＴ賦課金の低減へ充てられることとなります。同市場は、年４回、３カ月ごとに実施され、価格決定方式は、マルチプライスオークション方式とされています。２０２０年度までは、上限価格は４円／ｋＷｈ、下限価格は１・３円／ｋＷｈとされています。転売もできず、次年度への繰り越しもできません。２０２０年度は、エネルギー供給構造高度化法の中間目標の設定もあり、ＦＩＴ非化石証書の取引量は、前年度の同時期の取引量の約３・３倍に増加しています。

また、２０１９年２月25日～３月１日にかけて開催されたオークションにおいては、ＦＩＴ電源ごとにＦＩＴ非化石証書に対応する電源種や発電所所在地等属性のトレーサビリティ（追跡性）を確認できるトラッキング付ＦＩＴ非化石証書の取引も試行的に実施されました。この取組みは現在も継続されており、トラッキング付ＦＩＴ非化石証書は、近時、参加表明をする企業が増加しているＲＥ１００（※[2]）にも活用できることもあり、この拡大を図ることが重要となります。もっとも、トラッキング付ＦＩＴ非化石証書においては、発電者の個人情報を含む電源の属性情報を市場参加者等に開示するため、発電者の同意を要件としています。そのことが主な原因となり、トラッキングを利用しているのは全体の１～２％に留まっているのが現状です。この点に関しては、２０２１年６月に開催された大量導入小委員会において、再エネの利用促進というＦＩＴ制度の趣旨を踏まえ、ＦＩＴ非化石証書におけるトラッキング情報の付与については発電事業者からの同意を不要とする方針が示されました。ただし、個人情報保護の観点から、住宅用などを念頭に20ｋＷ未満の太陽光発電設備については、発電設備名や設置者、設備の所在地の詳細といった個人の特定に繋がりうる情報をトラッキングの属性情報から除外することとされています。また、トラッキング先の具体的な発電設備名、設置者名を小売電気事業者や需要家が対外的に公表する場合には、発電事業者の同意を条件とすることとされています。これは、発電事業者が望まない小売電気事業者や需要家に割り当てられ、同意なくトラッキング情報を対外的に公表されるという発電事業者のレピュテーションリスクに配慮したものです。

（※1）納付金の小売電気事業者等（小売電気事業者、一般送配電事業者及び登録特定送配電事業者）からの徴収やＦＩＴ制度に基づき再エネを調達した小売電気事業者等に対する交付金の交付業務を行う機関をいい、現在は、一般社団法人低炭素投資促進機構が指定されています。２０２２年４月以降は広域機関にその業務が引き継がれることとされています。

（※2）ＲＥ１００とは、事業活動で使用する電力を、全て再エネ由来の電力で賄うことをコミットした企業が参加する国際的なイニシアチブをいいます。

（２）非ＦＩＴ非化石価値取引市場

２０２０年４月の発電分以降、卒ＦＩＴ電源（（３）参照）以外の国が認定をした非ＦＩＴの非化石電源（原子力・再エネ）について、非化石証書が発行されます。その非ＦＩＴ非化石価値を取引の対象とした非化石価値取引市場（以下「非ＦＩＴ非化石価値取引市場」）がＪＥＰＸにおいて設けられ、２０２０年11月に初回のオークションが実施されました。同市場は、ＦＩＴ非化石価値取引市場と同様、年４回（２０２０年度は３回）実施することが予定されており、価格決定方式は、売り入札の主体が多数の事業者にわたり、かつ、ＦＩＴ非化石価値取引市場と異なりＦＩＴ賦課金の低減という目的がないため、スポット市場等と同様にシングルプライスオークション方式とされています。上限価格は４

円／ｋＷｈとされていますが、ＦＩＴ非化石価値取引市場と異なり、下限価格は設けていません。これは、元々ＦＩＴ非化石価値取引市場では需要家がＦＩＴ賦課金として費用負担をしていることから、あまり低い価格で非化石価値を取得することを認めることが適切ではない一方、非ＦＩＴ非化石価値取引市場ではこのような点が妥当しないためです。

（３）卒ＦＩＴ電源に関する非化石価値の取引

２０１９年11月以降、順次ＦＩＴ制度に基づく買取が終了する再エネの電源（以下「卒ＦＩＴ電源」）が出てきています。この卒ＦＩＴ電源は、住宅用太陽光が中心となっており、その電源を保有する主体が消費者である場合が多い点に特徴があります。このため、発電事業者としての資格を有しない者が保有する非化石価値については、小売電気事業者などの電気事業者やアグリゲーターがまとめて買取った場合に限って、証書化をすることが可能とされています。

この卒ＦＩＴ電源については、非ＦＩＴ非化石価値取引市場での取引はできず、相対で購入することが必要となります。

卒ＦＩＴ電源については、２０１９年には約53万件・２００万ｋＷ生じており、今後も毎年増加することとなります。小売電気事業者にとっては、いわゆるセット販売類似のものとして、小売営業戦略にも活用できるところです。

この点に関して、卒FIT電源がFITから卒業するまでの間の買取の多くは、旧一般電気事業者が行っていることから、どの需要家が卒FIT電源を保有しているかがわかるのが旧一般電気事業者に限定されており、競争上不公平ではないか、といった指摘があるところです。このため、FIT電源の買取が終了する需要家に向けて旧一般電気事業者が発する文書においては、公平性に配慮した一定の表示に関する規律が設けられると共に、一定の要件を満たした小売電気事業者が一定の広告を当該文書に同封することができることとなっています。詳細は、卒FIT買取事業者連絡会のホームページをご参照ください。

（4）非化石価値の取得方法

エネルギー供給構造高度化法の中間目標の達成のためには、非化石価値を取得することが必要となります。非化石価値は、ダブルカウントを防止する観点から、全て国が認定する証書を通じて行うことが必要となります。具体的には、JEPXの非化石証書に関する口座管理システムを通じて取引を行うこととされています。JEPXの取引規程等を見ると、取引されているのは、非化石証書ではなく、あくまでも非化石価値といえます。

非化石価値については、それぞれまとめると、次の方法により取得することができます。

①ＦＩＴ非化石価値＝ＦＩＴ非化石価値取引市場

②非ＦＩＴ非化石価値＝自社・相対又は非ＦＩＴ非化石価値取引市場。ただし、卒ＦＩＴ電源に関する非化石価値は、相対で取得することが必要

なお、②の自社・相対による非化石証書の取得については、第１フェーズにおいては、小売電気事業者に対する非化石価値へのアクセス環境確保の観点から、自社又はグループ内の発電事業者からの取得については、激変緩和量を除き、次の範囲内でのみ認められています。

①化石電源グランドファザリング（非化石電源比率が全体の平均値を下回る事業者の目標を引き下げる制度）を設定されていない事業者

化石電源グランドファザリング設定の基準年の全国平均非化石電源比率

②化石電源グランドファザリングを設定された事業者

化石電源グランドファザリング設定の基準年の当該事業者の非化石電源比率

前記①、②を超える部分については、市場又はグループ外の発電事業者等から調達する

ことが必要となります。

(5) 非化石証書の種類

非化石証書については、非FIT非化石証書のうち、再エネに由来するものについては、「再エネ指定」として販売するか、「指定なし」として販売するかの選択が可能とされています。そして、FIT電源の非化石価値については、「再エネ指定」の証書が発行されます。そのため、現状では、非化石証書は、3種類に分類されます。

(6) 非化石価値証書収入の使途

エネルギー供給構造高度化法は非化石電源の利用の促進を図る法律であることから、非化石証書の取引が、非化石電源の利用の促進につながることが望ましいといえます。また、非化石証書が小売料金の値下げに活用されると、小売競争環境が歪むのではないか、といった指摘もされていたところです。そこで、旧一般電気事業者であった発電事業者と電源開発株式会社を対象に、非化石証書の販売収入を非化石電源の利用促進に充てていくような自主的な取組へのコミットメントを、当面の間、求めていくこととされています。

(7) 中間目標を踏まえた小売電気事業者の対応

非化石価値の購入は、小売電気事業者にとっては追加負担となるため、その負担した費用を需要家へ転嫁することが必要となります。

このため、調達が必要となる非化石証書の量・価格次第では、小売料金の値上げも検討することが必要になります。国としても、証書購入費用の円滑かつ適正な転嫁を進めるための広報や所要の環境整備を行う方向性が示されていますが、実際には、このコロナ禍の状況や非化石証書を元々保有している小売電気事業者とそうではない事業者がいる中では、一律に転嫁することが難しいのが実情です。

そのため、小売電気事業者としては、まずは購入した非化石価値を活用したメニューを積極的に売り出していくことが重要となります。実際に、筆者の元にも非化石価値を活用した料金メニューを設定する際の表示の在り方に関する相談が相当増加しています。今後ともこの流れは加速するものと思われます。

（８）既存契約の見直し

（ａ）非ＦＩＴ（卒ＦＩＴ以外）における既存契約の見直し

非化石価値は、全て証書化して取引をすることが必要となります。そのため、２０２０年度以降の発電分が取引される卒ＦＩＴ以外の非ＦＩＴの非化石電源に関する既存契約においては、次の点についての見直し協議が必要となります。

①非化石証書の発行
②非化石証書の移転
③非化石証書の対価

②及び③については、基本的には、これまで明示的には認識して取引されてきてはいないものの、従来から電気と一体として取引され、移転してきた価値といえます。そのため、既存契約の対象となっている電源の非化石価値をその相手方以外の第三者に販売使用とする場合、既存契約の見直しが必要となります。また、引き続き既存契約の相手方に非化石価値を移転する場合であっても、今後非ＦＩＴ非化石価値取引市場において、非化石価値の価格がつくことになりますので、その価格を踏まえて見直しが必要となる場合も考えられるところです。この点は、従来の価格の決定方法等（非化石価値に価値を見出して価格を設定していたか等）も踏まえて検討することになると思われます。

他方で、非化石価値が不要な小売電気事業者であれば、非化石価値は移転させずに非化石価値分を減額した金額で卸供給を受けることも考えられます。

なお、旧一般電気事業者及び電源開発株式会社を発電事業者等とする既存契約の場合、発電事業者等が得る非ＦＩＴ非化石証書の収入を次の取組みに用いることを契約上規定することが望ましいとされています（既存契約見直し指針（非化石）２⑷５頁）。

①非化石電源設備の新設・出力増

②非化石電源を安全に廃棄するための費用等

③非化石電源設備の耐用期間延長工事、安全対策費用等

（b）化石電源グランドファザリングの対象となる既存契約の見直し

化石電源グランドファザリングの対象となる既存契約については、化石電源グランドファザリングとの関係を踏まえて対応することが必要となります。

すなわち、制度検討作業部会第二次中間とりまとめ（令和元年７月）によれば、２０１８年度の非化石電源比率の算定の根拠となっている既存契約の解除等によって、小売電気事業者が非化石価値を調達できなくなった場合、申請により化石電源グランドファザリングの設定時の基準から、その契約に基づき調達していた電力量分を控除すること、ただし、既存契約の相手先である小売電気事業者に非化石証書が譲渡されなかった場合でも、既存契約の電気料金の割引等が行われる場合は、化石電源グランドファザリングの控除を行わないこととされています（同第二次中間とりまとめ２、２・１⑶⑥34、35頁）。

このため、特に化石電源グランドファザリングの対象となる非ＦＩＴの非化石電源に関

する既存契約については、非化石価値を引き続き移転するのであれば（ａ）を踏まえた対応が必要となるといえます。移転しない場合は卸供給料金から非化石価値相当を割り引く、又は卸供給料金を変更しない、といった対応を、化石電源グランドファザリングにおける整理を踏まえて検討することが必要となります。

今後

第4節3において説明したとおり、再エネの調達に関するニーズが急速に高まりを見せているところです。この高まりを受けて、２０２１年3月26日に開催された制度検討作業部会において、電気の再エネ価値への需要家アクセスの向上を実現するため、現在の非化石価値取引市場をエネルギー供給構造高度化法上の義務達成のための市場（以下「高度化法義務達成市場」）と位置づけ、その市場とは別に、需要家が市場取引に参加できる再エネ価値の取引市場（以下「再エネ価値取引市場」）を新たに創設する方向性が示され、その後も具体的な制度設計の検討が進められているところです。

具体的には、高度化法義務達成市場においては非ＦＩＴ非化石証書を、再エネ価値取引市場においてはＦＩＴ非化石証書を取引する方向性が示されており、高度化法義務達成市場においては「最低価格・最高価格設定の要否・具体的な水準、再エネ価値取引市場の導入に伴い中間目標をどのように見直すか」といった点が、また、再エネ価値取引市場においては「需要家の参加要件」、「最低価格の在り方」、「証書の性質等」について、制度検討作業部会において議論されています。

この再エネ価値取引市場については、２０２１年後半から試行的に実施する方向性が示されており、２０２１年度の前半までに市場の設計を進めると共に、高度化法義務達成市場については、７～９月の間に開催される２０２１年度の初回オークションまでに中間目標の考え方を含め整理することが予定されており、新たな市場設計に向けて急ピッチで検討が進められています。

コラム　非化石価値を活用したメニューを販売する際の表示の在り方

非化石証書については、エネルギー供給構造高度化法の非化石電源目標に活用できるという非化石価値のほか、次の①及び②の価値を有するとされています。この地域で発電されたという「産地価値」やこの発電所で発電されたという「特定電源価値」は、非化石証書には付随しないとされています。

表11 「再エネ」表示と「CO2ゼロエミッション」表示

「再エネ」表示	「CO_2ゼロエミッション」表示
①再エネ指定非化石証書 ＋非FIT再エネ電源	①非化石証書 ＋非FIT再エネ電源
再エネ	CO_2ゼロエミ
②再エネ指定非化石証書 ＋FIT電気	②非化石証書 ＋FIT電気
再エネ （＋FIT電気の説明※1）	CO_2ゼロエミ （＋FIT電気の説明※1）
③再エネ指定非化石証書 ＋①②以外の電源の電気 （JEPX調達・化石電源等）	③非化石証書 ＋①②以外の電源の電気 （JEPX調達・化石電源等）
実質再エネ （＋調達電源の説明※2）	実質CO_2ゼロエミ （＋調達電源の説明※2）
④証書使用なし	④証書使用なし
訴求不可	訴求不可

※1　FIT電気については、3要件（（ア）「FIT電気」であること、（イ）FIT電気の割合、（ウ）FIT制度の各説明）が必要

※2　環境価値の表示・訴求と近接するわかりやすい箇所に、電源構成や主な電源の表示を行い、これに再エネ指定の非化石証書を使用している旨の説明を行うことを前提とする

①「ゼロエミ価値」＝温対法上のCO_2排出係数が0kgCO_2／kWhである価値

②「環境表示価値」＝小売電気事業者が需要家に対して付加価値を表示・主張することができる価値

この②「環境表示価値」に関しては、電気の非化石価値が非化石証書に一元化されたことに伴い、小売営業GLの改定が行われました。ここでは、詳細の説明は割愛しますが、非化石価値が電気とは切り離されたことに伴い、電源構成が再エネ100％であったとしても、再エネ指定の非化石証書を活用しないと再エネ100％といった訴求はできず、そのような場合は、再エネ電源としての価値がない旨の注釈を行うこ

とが必要となる点には留意が必要となります。

小売営業ＧＬ上、「再エネ」表示及び「CO_2ゼロエミッション」表示については、**表11**のとおり整理されています（同ＧＬ１⑶ウⅲ・参考30頁参照）。なお、ＦＩＴ電気については、環境価値が薄く広く全需要家に帰属することを踏まえて、従来は「実質」という表示が必要でしたが、「わかりにくい」、「ＦＩＴ電気も再エネである」といった指摘もあったところです。これを受けて、ＦＩＴ電気については、**表11**のＦＩＴ電気の３要件を明記する限りにおいては、「実質」表示なく「再エネ」と表示することが可能となっています（小売営業ＧＬ１⑶ウⅲ・参考30頁）。

6　先物取引市場

ポイント
・卸電力価格の価格変動リスクをヘッジすることができる手段の一つ
・2019年9月に試験上場（3年間）、相対も
・取引の活性化が課題

背景

ＪＥＰＸのスポット市場価格は、その需給の状況等に応じて30分単位で変動することから、スポット市場の売り手・買い手双方に価格変動リスク（ボラティィリティリスク）が生じます。これまでの各種施策（※）により、スポット市場の取引量は確実に増加しており、取引量が増加すれば価格のボラティィリティリスクも相対的に縮小することが期待され

図11　ヘッジ取引（買いヘッジ）のイメージ（電力の購入価格のヘッジ）

〈例〉ある事業者は、電力の販売価格を10円/kWh とする契約を顧客と締結。３円/kWh の収益を確保できるような電力の調整を行いたいと考えている

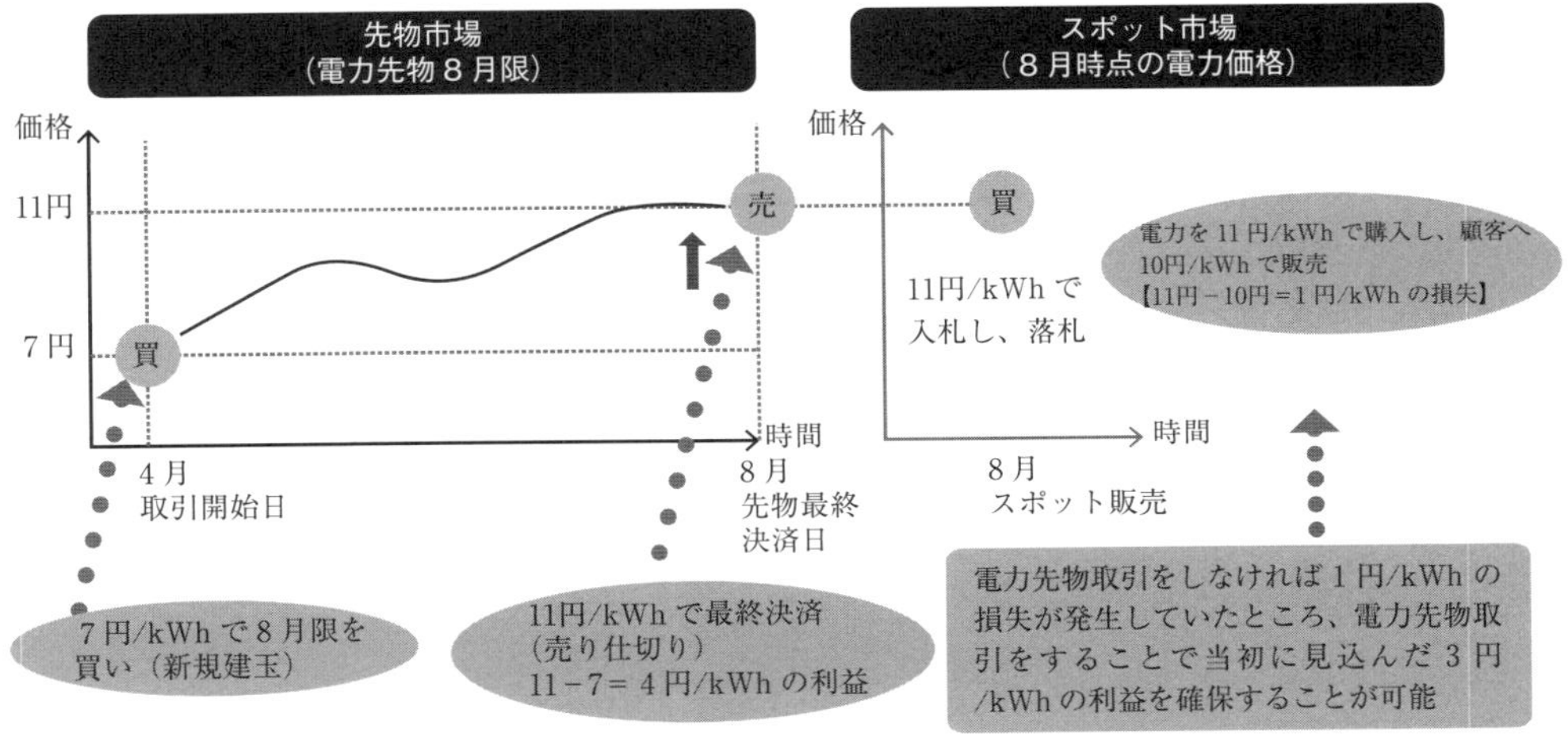
先物市場
（電力先物８月限）
価格
11円
7円
買
売
時間
4月
取引開始日
8月
先物最終
決済日
7円/kWh で８月限を
買い（新規建玉）
11円/kWh で最終決済
（売り仕切り）
11－7＝４円/kWh の利益
スポット市場
（８月時点の電力価格）
価格
買
11円/kWh で
入札し、落札
時間
8月
スポット販売
電力を 11 円/kWh で購入し、顧客へ
10円/kWh で販売
【11円－10円＝1 円/kWh の損失】
電力先物取引をしなければ１円/kWh の損失が発生していたところ、電力先物取引をすることで当初に見込んだ３円/kWh の利益を確保することが可能

出所：経済産業省　電力先物市場の在り方に関する検討会資料

ますが、市場である以上、需給の状況に応じて価格が変動することを避けることはできません。

（※）旧一般電気事業者による余剰電力の限界費用ベースでの入札、地域間連系線における間接オークションの導入、グロス・ビディング等

特にスポット市場からの電力調達を主にしている小売電気事業者にとっては、2020年度冬のスポット市場価格が高騰した場合等においては、大きな損失を発生させることになるため、このボラティリティリスクをヘッジすることは、事業運営上重要となります。

また、発電事業者についても、スポット市場を通じて電力を卸供給する場合は卸販売価格が安定しにくいという点があります。現状、スポット市場を通じて電力を卸供給する発電事業者の太宗は旧一般電気事業者であり、かつ、その電力の大半は余剰電力であることから、この卸販売価格安定化のニーズは高くないのが実情ですが、将来的には市場環境の変化によりこのようなニーズが高まりを見せる可能性もあります。

このような、卸電力価格のボラティリティリスクをヘッジすることができる手段の一つが先物取引となります。

先物取引によるボラティリティリスクヘッジのイメージは**図11**をご覧ください。

概要

(1) 電力先物取引市場（試験上場）

先物取引に関する規制がされているのは、商品先物取引法ですが、同法は、電力システム改革の第2段階の電気事業法の改正に併せて商品先物取引の対象に「電気」を追加しており、２０１６年4月以降、法律上は、取引所へ上場することが認められていました。上場にあたっての制度設計の議論や紆余曲折を経てようやく、２０１９年9月に東京商品取引所の電力先物取引市場が試験上場しました。

試験上場期間は、3年間とされ、個人投資家は参加しないプロ向け市場として設計されています。電力先物取引市場においては、東西エリアでそれぞれ全ての日時が対象となり「24時間分」の電力をひとつの単位として将来の売買価格を決定する方式である「ベースロード電力」と平日の6時~18時の間をひとつの単位として将来の売買価格を決定する方式である「日中ロード電力」の2種類の取引が可能とされています。また、月単位の商品であり、この月あたりの4種類の商品が15カ月分用意されており、合計で60商品となります。

なお、先物取引自体の相場操縦やインサイダー取引規制については、商品先物取引法や東京商品取引所の規程に設けられていますが、適取GLにおいては、先物取引での利益を得ることを目的として、スポット市場などの価格を高値又は安値誘導により市場相場を変動させる行為は相場操縦に該当するとされています。

コラム　先物取引とインサイダー取引

商品先物取引法には、金融商品取引法のようなインサイダー取引規制に関する規定は存在しません。これは、株式発行会社に相当するものが存在しないことや、市場に影響を及ぼすような主体が想定されていないためとされています。

もっとも、基本的に電力は貯蔵できない性質を有し、発電設備の稼働状況や天候変化等を受けて需給が大きく変動するような場合は大幅に電力価格が変動するため、電力先物取引において、一部の電気事業者のみがインサイダー情報を入手し、これに基づいて取引を行うことができるとすれば、インサイダー情報を知る電気事業者のみが当該情報に基づいた取引により電力先物市場で利益を得て、他方で当該情報を知らずに取引を行う者が損失を被るおそれがあります。このため、東京商品取引所の業務規程及びその細則において、インサイダー取引に関する規制が設けられています。

（２）先渡取引との違い

電力取引価格を固定する機能はＪＥＰＸの先渡取引にもありますが、先渡取引との最大の違いは、先物取引は現物の電気を受け渡さず、金銭のみで決済するか否かという点となります。この違いにより、先渡取引の場合、商品先物取引法の適用はありませんし、会計処理も先物取引とは異なることになります。

また、一般に先渡取引と比較して先物取引の方が電力需給予測や市場環境が変化した時にも、売り戻しや買い戻しを行いやすいと言われていますし、電力先物市場は先渡市場と違い、電気事業者以外の金融機関や投資会社などにも取引参加資格があるのが特徴となり、これにより市場流動性が高まることも期待されています。

（３）相対（ＯＴＣ）の先物取引の活性化

２０２０年5月には、欧州エネルギー取引所（ＥＥＸ）グループが、２０２１年2月には、米国シカゴ・マーカンタイル取引所（ＣＭＥ）が日本で電力先物取引の清算業務（クリアリング）を開始しました。これは、小売電気事業者などが将来の電気を売買する相対取引について決済の履行を保証するものとなります。

最近は、筆者の元にも海外の事業者から日本の電力市場に向けて相対の先物取引サービスを展開することに関する相談が増えてきており、相対の先物取引の活性化も徐々に進んできている印象を受けています。

今後

電力先物取引市場の取引参加者は、取引開始当初は13社でしたが、２０２１年3月15日時点で64社と増加しています。また、２０２０年度冬のスポット市場価格の高騰を受けて、スポット市場価格のボラティリティヘッジ策に注目が集まっており、今後も取引参加者は増加することが期待されます。

もっとも、２０２１年1月のスポット市場価格の高騰時には、値幅制限が障壁となり、約定量は過去最高だった前月に比べて5割超減少しました。電力先物取引市場では商品ごとに毎日損益計算をする際の基準となる「帳入値」を定めていますが、この値幅制限とは、帳入値の前日に対する変動幅を一定の範囲に設定することで、入札可能な金額（値幅）に制限を設ける仕組みをいいます。値幅制限は、現物とかけ離れた先物取引価格の変動を防ぐことを意図していますが、参照指標となるスポット市場価格が急激な変動をしたため、これに連動することができず、リスクヘッジに繋がらないという問題が生じました。これを受けて、従来変動幅を前日比10％としていたものを20％と緩和しています。その後も当月物の商品については、20％の変動幅としてきましたが、２０２１年6月1日以降は、この変動幅を残しつつ、2営業日連続で帳入値が変動幅の上限か下限に達した場合は、翌営業日からスポット市場の実勢価格などに基づいて変動幅を拡大することになりました。また、状況によっては1営業日でも変動幅を拡大することとされています。

このような課題に対する一定の対応は行われているものの、現時点では旧一般電気事業者の参加がないなど取引参加者の数と取引量の拡大が課題となっています。２０２２年8月には試験上場期間も満了を迎えるため、今後は本上場へ向けた動きが活性化することが予想されますが、電力市場の健全な発展の観点からは、電力先物取引市場の活性化・発展が今後より一層重要性を増すものと思われます。

7　卸取引の内外無差別原則

ポイント
・旧一般電気事業者（ＪＥＲＡ含む）に求められるもの
・不当な内部補助の防止
・自主的なコミットメント

背景

我が国においては、旧一般電気事業者（ＪＥＲＡを含む）が発電設備の大宗を保有している一方で、新電力は、自身では電源を保有しないことが多いという実情があります。特に、安価な電源の多くは、同様に旧一般電気事業者が保有・長期契約しており、新電力によるアクセスが困難な状況にあるともいわれています。**図12**は発電量ベースを示していま

図12　旧一般電気事業者の発電割合の推移

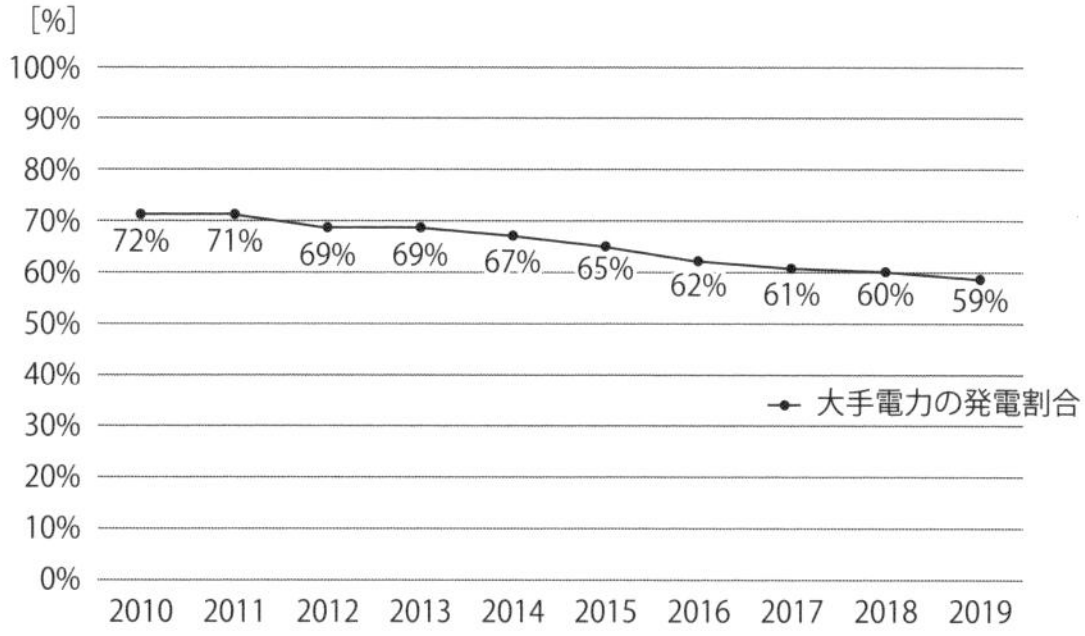

※総合エネルギー統計の総発電量（発電端）に対する旧一般電気事業者の発電部門とJERA（送電端）の割合

出所：総合エネルギー統計時系列表　電力調査統計

すが、発電設備の容量ベースだともっと高い割合になると思われます。

このような状況を踏まえて、小売市場において持続的な競争を確保する観点から、電源アクセスのイコール・フッティングが求められています。この電源アクセスのイコール・フッティングについては、大きく分けて機会の確保と、取引条件の公平性確保の２つの要素があるとされています。

そして、旧一般電気事業者の発電部門が自社小売部門に対して、新電力への卸供給よりも不当に安価な価格で卸供給するといった電源調達面での不当な内部補助（※）を行うと、内部補助を受けた旧一般電気事業者の小売部門がより安価に需要家に電気を供給することが可能となり、小売市場における公平な競争環境の観点から問題が生じるといった指摘がされているところです。

（※）「不当な内部補助」とは、卸市場において市場支配力を有する旧一般電気事業者における発電部門から小売部門への内部補助であって、小売市場における競争を歪曲化する程度のもの（典型的には、新電力の事業を困難にするおそれがある程度に小売市場における競争を歪めるもの）とされています（経過措置料金に関するとりまとめ2(3)3-2 23、24頁）。

概要

（1）内外無差別な卸取引の実施に関するコミットメント

このような不当な内部補助を防止する観点から、監視等委員会は、2020年7月1日、旧一般電気事業者の発電・小売間の不当な内部補助を防止するため、旧一般電気事業者各社に対し、社内外無差別な卸取引を行うこと等、次のコミットメントを要請すると共に、それらを確実に実施するための具体的な方策について、同委員会への報告を求めました。

①中長期的な観点を含め、発電から得られる利潤を最大化するという考え方に基づき、社内外・グループ内外の取引条件を合理的に判断し、内外無差別に卸取引を行うこと

②小売について、社内（グループ内）取引価格や非化石証書の購入分をコストとして適切

に認識した上で小売取引の条件や価格を設定し、営業活動等を行うこと
　前記②について、非化石証書が触れられているのは、非ＦＩＴ非化石証書の取引について、非ＦＩＴ非化石電源（大型水力、原子力等）の大半を保有する旧一般電気事業者の発電部門が非化石証書の販売収入を原資として、自社小売部門への不当な内部補助を行い、その結果として、小売市場における競争の歪曲が生じるのではないか、といった懸念が示されたことを受けてのものです。
　これを受けて、旧一般電気事業者各社は、前記①及び②についてコミットメントを行うと共に、これらを確実に実施するための具体的な方策について、報告を行っています。
　また、この実施状況については、定期的に実施する「小売市場重点モニタリング」（※）において、旧一般電気事業者及びその関連会社に関し、エリアのスポット市場価格以下での小売販売等が確認された場合に確認することとされています。

（※）「小売市場重点モニタリング」は、電力小売市場における公正な競争を確保する観点から、相当程度の影響を与え得る有力性を有する次の事業者を対象にし、競争者からの申告に基づきエリアのスポット市場価格以下となった場合に、その経済合理性を中心に確認を行うもので、年2回程度、監視等委員会の制度設計専門会合に報告されることとされています。

・旧一般電気事業者
・旧一般電気事業者の関連会社（出資比率20％以上）
・各供給区域において、低圧／高圧／特別高圧のいずれかのシェアが5％以上に該当する小売電気事業者

（2）域外卸との関係

卸取引の内外無差別に関して明確に議論がされていない論点としては、旧一般電気事業者の域外卸にも適用されるのか、という点が挙げられます。

この点については、域外においては、卸市場において市場支配力を有していない以上、「卸市場において市場支配力を有する旧一般電気事業者における発電部門から小売部門への内部補助」には該当せず、不当な内部補助にはあたらないと考えるのが素直な解釈といえます。また、制度設計専門会合においても一部の委員からは旧一般電気事業者の域外における競争活性化の観点を踏まえると、域内卸と全く同様の考え方でよいのかという点については、問題が提起されているところです。

この点は、今後、必要に応じて制度設計専門会合等で議論されるべき論点といえます。

今後

このコミットメントを受けた対応は、２０２１年度の卸取引から求められています。新電力にとっては、相対で調達する電力の選択肢が拡大することに繋がる施策といえます。特に、２０２０年度冬の需給逼迫の際には、相対契約が少ない事業者ほどスポット市場価格の高騰による影響を直接受けていることや新電力も２０２４年度からは容量市場の導入により一定の固定費を負担することになることを踏まえると、競争環境の整備という観点からは、重要性が増しているといえます。

このような状況を受けて、監視等委員会の制度設計専門会合では、別途、各社のコミットメントに関する取組み状況（社内取引価格の設定や業務プロセスの整備等）を確認・課題を整理した上で、諸外国の取組み状況等も参照しつつ、次の事項を含めて、コミットメントの実効性を高め、かつ取組み状況を外部から確認できるための仕組みについて、検討を進めるといった方向性が示されているところです。

①発電部門がスポット市場への売り入札を実施する体制整備
②発電・小売部門の会計分離（部門別収支等）
③発販分離

④その他

また、内閣府の下に設置された再エネタスクフォースにおいては、「旧卸電気事業者等の電源の義務的な切り出し、大手電力会社の一定量の義務的な市場玉出し、発販分離、送配電事業の所有権分離といった義務的・構造的な措置は不可欠であり、速やかに検討すべき」といった提言が示されています。

まずは、コミットメントの実効性を丁寧に検証することが重要といえます。前記の各施策については、基本的には卸取引における内外無差別の実効性を確保するための取り組みの一手段となるものの、これらの各施策の検討にあたっては、競争環境の確保に留まらず、電力システム全体の在り方を含めた検討が必要となると思われます。

8　グロス・ビディング

ポイント
- 競争活性化に向け、旧一般電気事業者（JERAを含む）に求められる取組み
- 社内取引の一部を自主的にスポット市場へ供出し、買い戻す仕組み
- 相場操縦の懸念も。価格中立的かが議論に

背景

競争的な市場環境を確保するための方策としては、JEPXにおける取引量を増加させることが重要となります。小売全面自由化前のJEPXにおけるスポット市場の取引量は総需要のわずか2%程度でした。このスポット市場での取引量を増加させるための施策として代表的なものとしては、旧一般電気事業者の自主的な取り組みとしての余剰電力の限

表12　グロス・ビディングに期待される効果

①　市場の流動性向上
限界費用ベースで売買入札を行うため、買い入札の限界費用が約定価格を下回り、全量買戻しとならない場合には、市場の流動性向上に貢献する
②　価格変動の抑制
売買両面において約定価格帯近傍の入札が増加するため、売買入札曲線の傾きが緩やかになり、価格変動の抑制効果が発生する
③　透明性の向上
社内取引の一部が市場経由で行われるため、社内取引価格が明確となり、社内取引が透明化されることが期待される

界費用ベースでのスポット市場への投入（次のコラム参照）が挙げられますが、グロス・ビディングもその一環として導入されました。

概要

（1）グロス・ビディングとは

グロス・ビディングとは、旧一般電気事業者の自社供給（社内取引）分の一部をＪＥＰＸのスポット市場を介して売り入札と買い入札を同時に実施する手法をいいます。

基本的な取引方法としては、原則として限界費用ベースで売買入札を行うと共に、例外的に自社供給力が不足する場合のみ確実に買戻せる価格で買戻し（「高値買戻し」）を行っています。

グロス・ビディングは、２０１７年４月から開始されました。当初は、１年程度で販売電力量の10％程度を目指し、その後も取引量を拡大していくことが表明されています。その効果もあり、２０２０年12月現在では、スポット市場の取引量は販売電力量の40％を超える水準で推移しています。

このグロス・ビディングの実施により、**表12**に記載の３つの効果が期待されるとされています。

グロス・ビディングにおいては、仮に常に高値買戻しを行う場合は、透明性の向上のみが効果として期待されるところですが、旧一般電気事業者各社が実施しているグロス・ビディングは、基本的には限界費用ベースでの売買入札を行うとされていることから、その結果として、全量買い戻しとならない場合もあり、市場の流動性の向上にも資すること等も期待されるところです。

（２）２０２０年度冬のスポット市場価格高騰の要因か

グロス・ビディングは価格形成に中立な取り組みとして導入されたものであり、価格変動の抑制効果もあるとされています。

もっとも、自社供給力が不足する場合に高値買戻しを行うことが認められているところ、その判断は基本的には旧一般電気事業者の判断に委ねられることから、相場操縦行為の懸念があり、２０２０年度冬のスポット市場価格高騰の要因となったのではないかという指摘もされているところです。

ただし、監視等委員会の制度設計専門会合の価格高騰検証取りまとめによれば、高騰時と平時では、ほぼ変わらない比率で旧一般電気事業者による高値買戻し（999円の入札）が行われており、旧一般電気事業事業者の買い入札価格が、価格高騰の要因となったとの事実は確認されなかったとされています。

今後

現状のグロス・ビディングは、各社の同一の担当者が売り札と買い札の双方を入札しています。2020年度冬のスポット市場価格高騰において、一部から、このような体制は、透明性が確保されていないとの指摘がされているところです。そのため、価格高騰検証取りまとめにおいては、今後のスポット市場への売り札については、原則として発電部門が行うことなど、旧一般電気事業者の内外無差別な卸売の確保をより実効的にし、かつその透明性を高めるための仕組みの構築に向けて、検討を進めるとされています。

もっとも、売り入札を実施する場合は限界費用ベースとなる以上、限界費用ベースでの売り入札を前提とすると、売り札と買い札の主体を分離することの意義については、議論がありうるところと思われます。

また、併せて、グロス・ビディングの在り方については、その必要性を含め、検討をするとされています。

コラム 余剰電力の限界費用ベースでの入札

小売全面自由化前のＪＥＰＸのスポット市場において、取引量増加の一環として、２０１３年から旧一般電気事業者が自主的に余剰電力の全量を限界費用ベースでスポット市場へ投入することが行われています。

具体的には、次の計算式に基づき余剰電力量を算出し、その全量を限界費用ベースでスポット市場へ投入しています。

「余剰電力量」＝「供給力」－「需要見積もり（自社小売分・他社卸分）」－「入札制約」－「予備力」

この取り組みは、制度上義務付けられている訳ではありませんが、相場操縦に関するセーフハーバーと位置付けられています。すなわち、小売全面自由化後間もない２０１６年11月に、東京電力エナジーパートナー株式会社が平日の昼間の時間帯の各30

分コマにおいて売り入札を行う場合に、限界費用ベースではなく、「閾（しきい）値」と称する小売料金の原価と同等の水準の月ごとの固定の価格を売り入札価格の下限価格として売り入札を実施していたことについて、「市場相場を変動させることを目的として市場相場に重大な影響をもたらす取引を実行すること」に該当するとして、相場操縦で監視等委員会から業務改善勧告を受けたことがありましたが、限界費用ベースでの入札を実施している限りは、競争市場におけるプライステイカーとしての経済合理的な行動であることも踏まえ、相場操縦に該当しない（＝セーフハーバー）との考え方が監視等委員会より示されているところです。

もっとも、制度設計専門会合等においては、2020年度冬の需給逼迫の原因となった燃料不足が懸念される場合においては、競争市場におけるプライステイカーであっても、機会費用を考慮した入札を行うことが経済合理的ではないかといった指摘や、このような場合でも限界費用ベースでの入札を実施することにより、適切な価格シグナルを発することができていないのではないかといった指摘もされています。また、相対契約がないことから、容量市場で固定費が回収しきれない電源については、電源維持のためには、限界費用では回収しきれない固定費を上乗せすることが必要となります。

余剰電力の限界費用ベースでの入札については、制度設計専門会合でもグロス・ビディングと共に、必要性を踏まえた検討を行う方向性が示されています。今後は、他の市場・制度との関係を踏まえた在り方の検討が進むことが期待されます。

第3節　系統整備・利用・系統安定化

1　系統整備の在り方

ポイント
・「プル型」から「プッシュ型」の設備形成へ
・広域系統のあるべき姿を描くマスタープラン
・再エネの導入に資する地域間連系線や基幹系統の整備に再エネ特措法に基づく賦課金を活用
・一括検討プロセスも開始

背景

垂直一貫体制の下では、需要のニーズに応じて電源を建設し、その需要や電源に併せて効率的な送配電設備の設備形成が図られていました。

もっとも、現在、電源の系統の連系については、先着優先の原則の下、その連系により一般送配電事業者の送配電設備の増強が必要となる場合であっても、費用負担ＧＬの考え方を踏まえて発電設備の設置者が費用を負担すれば、一般送配電事業者は、系統に接続させる義務があるとされています。このため、特定の発電設備の設置に都度対応して、送配電等設備の整備がなされていくことから、局地的に送電制約を解消することとなっても、電力系統全体からみて効率的な系統整備とはならない場合もあるところです。特に、２０１２年７月の再エネ特措法施行以来、再エネの導入拡大に伴い、多数の発電設備が一般送配電事業者の系統へ連系することとなり、また既存の系統構成は、必ずしも再エネの立地ポテンシャルを踏まえたものとはなっていないため、この問題が顕在化してきたところでした。

そのため、電力ネットワーク形成の在り方として、レジリエンスを強化し、再エネ電源の大量導入を促しつつ、国民負担を抑制する観点から、今後は、電源からの個別の接続要請に対してその都度対応する「プル型」の系統形成から、広域機関や一般送配電事業者が主体的に電源のポテンシャルを考慮し、計画的に対応する「プッシュ型」の系統形成への転換に向けた検討を進めていくことが重要となります。

概要

（1）中長期的な系統形成の在り方（マスタープランの策定）

前記の背景の下、エネルギー供給強靭化法においては、広域機関が将来を見据え、費用便益評価（B／C分析）の分析に基づいて地域間連系線や地内の基幹送電線等の主要送電線の整備計画をプッシュ型で定める広域系統整備計画を策定し、経済産業大臣へ届出を行うこととされました（電気事業法第28条の47）。また、それに伴い、広域連系系統のあるべき姿のグランドデザインを描き、中長期的な系統形成についての基本的な方向性となる広域系統長期方針についても「プッシュ型」の考え方に基づき検討することとされました。この広域系統整備計画と広域系統長期方針を併せて、「マスタープラン」といいます。

マスタープランのうち、広域系統長期方針については、概ね5年ごとに見直すこととされていますが、現在、広域機関のマスタープラン検討委員会で議論が行われており、筆者も委員として議論に参加していますが、複数シナリオ（電源偏在シナリオ（再エネ30G

W・45ＧＷ）、電源立地変化シナリオ（再エネ45ＧＷ）、再エネ５～６割シナリオ）による費用便益評価を踏まえた系統の増強シナリオを示す中間整理のとりまとめが示されたところです。この中間整理は、最終的な系統増強の結論を示すものではなく、エネルギー政策に対して電力ネットワーク面での分析をフィードバックするものと位置づけられていきます。この中間整理から見えてくるのは、再エネを大量に導入していくためには、水素転換や蓄電池を考慮した需要のシフトなど、需要サイドの対策・検討が不可欠となることです。２０２１年度以降のマスタープランの策定に向けては、これらの点も踏まえた最終的なシナリオ作りが求められるところです。

（２）再エネ特措法上の賦課金方式

風力等については風況・海象等が良い適地と大消費地が遠く離れていることから、再エネの主力電源化の観点からも、地域間連系線の増強が行われなければ、需要地に電力を十分に送ることができません。

また、再エネの地域偏在性により、再エネの導入による環境への負荷低減効果は全国大で需要家にメリットのあるものといえますが、従来の電力ネットワークの費用負担においては、発電所が設置される場所を供給区域とする一般送配電事業者が負担することとなり、地域間で系統増強にかかる負担格差が生じる可能性があり、メリットを受ける者と負担する者のギャップが生じる可能性があるところです。

そのため、エネルギー供給強靭化法において、全国一律で回収をする賦課金方式を活用し、系統増強に係る費用のうち再エネ導入の便益に相当する部分につき、交付金を充てることとされました。

なお、再エネの主力電源化に向けては、地域間連系線だけでなく地内送電線の整備も合わせて重要であることから、地域間連系線の増強に伴って一体的に発生する地内系統の増強についても、再エネ特措法上の賦課金方式が活用される方向性が示されています。

（3）一括検討プロセスの導入

従来の個別の系統の連系のための接続検討や発電設備設置者間の費用負担の平準化を図る仕組みである電源接続案件募集プロセスについては、現に要請のある事業者のみを考慮する形で設備形成を行うという点で、中長期で見た場合に最適な設備形成が行われるとは限らず、結果として事業者・需要家の負担が増加する可能性があることや、電源接続案件募集プロセスにおいては、途中で事業者が脱退した場合は改めて検討をすることが必要となるなど、そのプロセスが長期化するといった課題が指摘されていました。

　これを受けて、２０２０年10月１日に施行された広域機関の業務規程及び送配電等業務指針に基づき、個別の接続検討において現状の空容量に連系できない場合は、一般送配電事業者が主体となってその系統における系統連系希望者を募集し、検討を行う「一括検討プロセス」が開始されています。また、この一括検討プロセスにおいては、系統連系希望者は費用負担の負担可能上限額を申告することとされており、その範囲内であれば、仮に途中で系統連系希望者が脱退したとしても、一括検討プロセスのやり直しをしないことで、当該プロセスの長期化を防ぐ仕組みを構築しています。

　なお、洋上風力については、この一括検討プロセスにおいて、あらかじめ国より系統を確保する方策の検討が進められています。詳細は、第４節２の「概要」（２）をご参照ください。

今後

　マスタープランについては、カーボンニュートラルの実現に向けた系統形成の在り方を検討する上で極めて重要なものとなります。前記の通り、現状は、広域系統長期方針について、中間整理のとりまとめが出された段階ですが、「系統増強のリードタイムも踏まえると現時点で早期に整備計画として進めていくべきもの」も複数シナリオの増強案に含まれています（※）。これらの増強案については、具体的に足元の電源のポテンシャルを踏まえて、具体化について検討を進める方向性が示されています。

（※）北海道～東北及び北海道～東京の各400万kWのルート新設、中地域増強（中部関西間第二連系線新設、中地域交流ループ構成）及び九州～中国ルート増強が該当するとされています。

効率的な設備形成を実現するという「プッシュ型」の設備形成の目的を達成するためには、中長期的な視点を踏まえた電源側・需要側の系統増強ニーズを適切に把握していかねばなりません。非常に難しい問題ではありますが、今後は、そのための実効的な仕組みづくりが重要となるといえます。

2　地域間連系線利用ルール（間接オークション・間接送電権）

ポイント
・２０１８年10月から変更（先着優先から間接オークションへ）
・スポット市場を利用するため、価格変動リスク、市場分断リスクが生じる
・差額決済（特定契約）、「間接送電権」などを活用してリスク回避

背景

従来、地域間連系線（以下「連系線」）は、先着優先ルールが採用されていました。すなわち、小売電気事業者が先着で連系線の利用枠を押さえていれば、発電事業者との間の相対の卸供給契約（以下「受給契約」）により、一般送配電事業者の供給区域（以下「エリア」）をまたいで供給を受けることが可能とされていました。例えば、発電事業者が東

北電力ネットワーク株式会社のエリアで発電した電力を、東京電力パワーグリッド株式会社のエリアの小売電気事業者に供給する場合などが該当します。

もっとも、先着優先ルールについては、先着順で容量を割り当てることが公正性を欠く（1分1秒を争う競争が発生することになる）といった指摘のほか、先着の電気事業者は半永久的に連系線の容量を確保することができるため、先着の事業者と後発の事業者との間の公平性を欠くといった課題が指摘されていたところでした。

概要

これらの課題に対処すべく、2018年10月から、「間接オークション」ルールが導入されました。間接オークションルールは、全ての連系線を利用する権利又は地位を、スポット市場の落札者に割り当てるルールをいいます。これにより、スポット市場での価格が安い電源の電気が連系線を活用できることになり、電源のメリットオーダーの実現に資することになります。また、連系線の利用率の向上や市場取引の増加にも繋がります。実際に、間接オークション導入後のスポット市場の取引量は、導入前と比較して約1・5倍に増加しています。

間接オークションルールの下では、連系線を利用するためには、全てスポット市場に入札することが求められることから、従来のようにエリアをまたぐことを前提とした受給契約が締結できなくなります。そのため、連系線を利用する場合、従前のルールと比較すると、次の２つのリスクが生じることとなります。

①スポット市場を利用することによって生じる電力の販売価格・調達価格の変動（ボラティリティ）リスク

②スポット市場が市場分断した場合の市場間の値差リスク

これらのリスクについては、それぞれ、次のような対応が考えられるところです。

（1）電力の販売価格・調達価格の変動リスクに対する手当てについて

まず、一つの方法としては、受給契約を結んでいた発電事業者と小売電気事業者との間で特定契約を締結することが考えられます。ここでいう特定契約とは、売り手と買い手が同一価格で市場取引を行った上で、あらかじめ合意した固定価格（特定価格）との差額を精算することにより、実質的に特定価格で電気の売買を行った場合と同様の経済的な効果を得る仕組みをいいます。

具体的には、制度検討作業部会中間とりまとめによれば、「ＪＥＰＸのスポット市場を介して電力を売渡すこと」、「特定価格を合意すること」、「特定価格の一部（市場価格）が

ＪＥＰＸで決済されること」、「特定価格と市場価格の差額を直接支払うこと」を内容とした契約をいいます（同中間とりまとめ2、2・2・(2)脚注41 39、40頁）。

特定価格は、受給契約を締結したと仮定した場合における電力量料金（ｋＷｈ）単価が一つの基準になると思われます。なお、特定契約の締結による方法は、前記のとおり、差金を決済するものであり、先物（デリバティブ）取引に該当するようにも思われますが、前記の特定契約の要件にあるように、電力の取引と一体の契約で行われることとなることから、「先物（デリバティブ）取引には該当しない」と整理されています（金融商品会計基準上のデリバティブに該当しないことについては、制度検討作業部会中間とりまとめ2、2・2・(2) 39、40頁参照）。

このほか、受給契約を締結することを前提としつつ、①のリスクに対応する手法としては、地域間連系線を介して電気の受け渡しを行うのではなく、同一エリア内で受け渡しをする受給契約を締結し、電力の供給を受けた事業者が供給元エリアでスポット市場の売り入札を行うとともに、供給先エリアでスポット市場の買い入札を行うという方法も考えられるところです。

具体的なイメージは、**図13**をご覧ください。

図13　販売価格・調達価格の変動リスクに対する手当

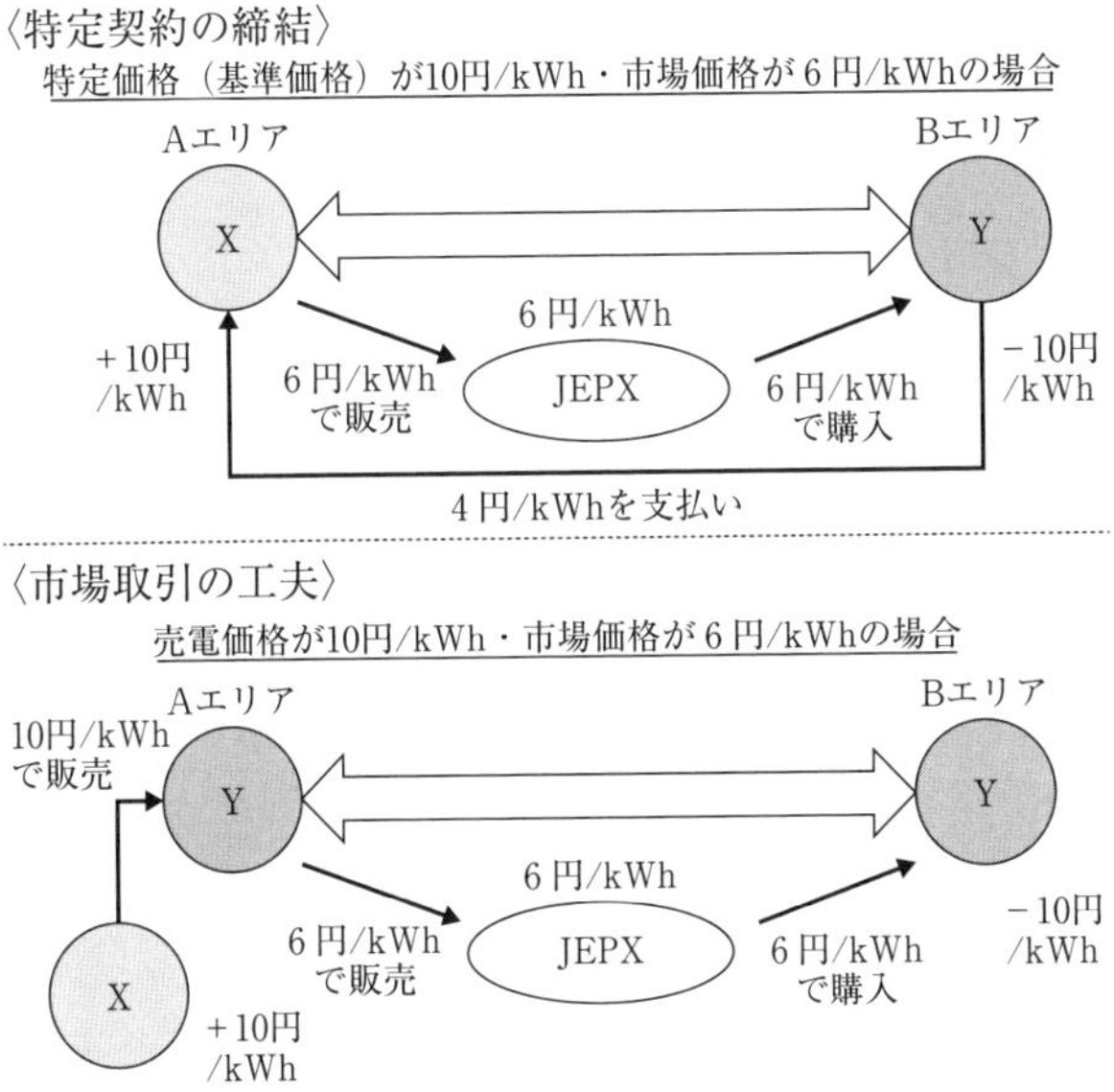

出所：地域間連系線の利用ルール等に関する検討会資料

図14　市場分断が発生した場合の市場間値差リスク

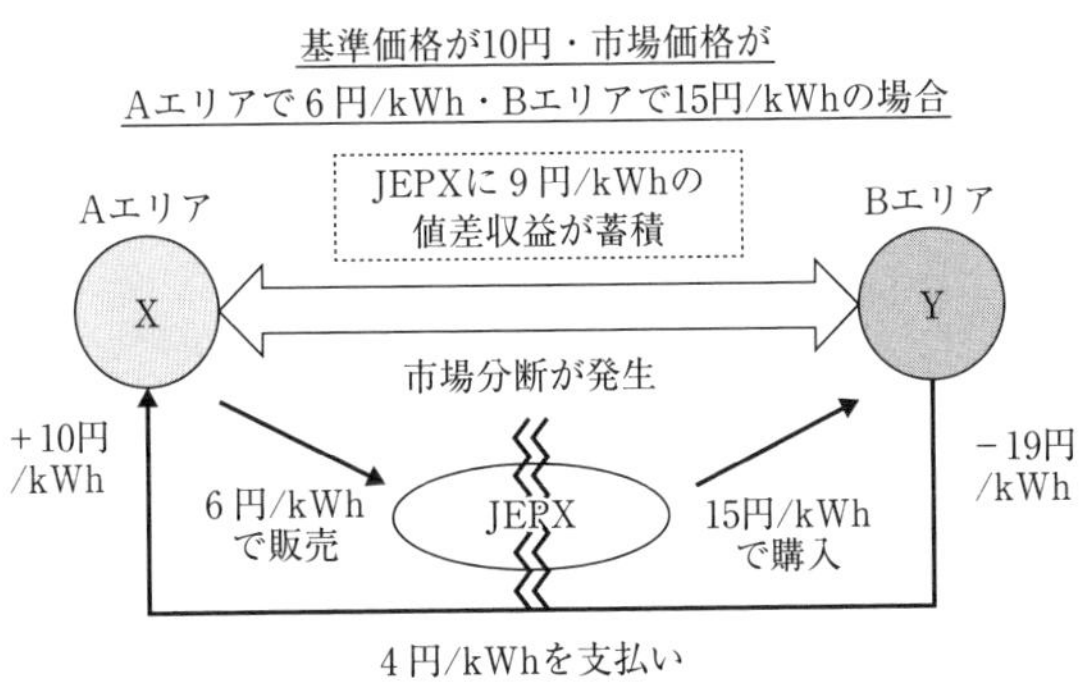

出所：地域間連系線の利用ルール等に関する検討会資料

（2）市場分断した場合の市場間の値差リスクに対する手当てについて

エリアをまたぐ取引量が連系線の送電可能量を上回る場合、エリア間で市場が分断され、約定価格は全国一律ではなく、分断されたエリアごと、個々に約定処理をした価格が適用されます。そのため、（1）の販売価格・調達価格の変動リスクに対する手当をしていた場合であっても、市場間の値差に相当する金員の損失を被る可能性があります。**図14**を例にとると、Yは、市場間値差（Aエリアの6円とBエリアの15円の差額）に相当する9円の損をすることになります。

この市場間値差リスクに対する手当としては、次の方策が考えられます。

（a）「間接送電権」の取得

「間接送電権」とは、市場分断が発生した場合に、スポット市場で実際に約定した電力量の範囲内で、市場間値差に相当する金銭をＪＥＰＸから受け取る権利をいいます。**図15**を例にとると、間接送電権を保有するYが市場間値差に相当する金銭（9円）の支払をＪＥＰＸから受け取る権利をいいます。

この支払原資は、ＪＥＰＸに留保されている値差収益（**図15**でいえば、ＪＥＰＸがYから受け取る15円とXに支払う6円との差の9円）とされています。

図15　間接送電権をYが有する場合のイメージ

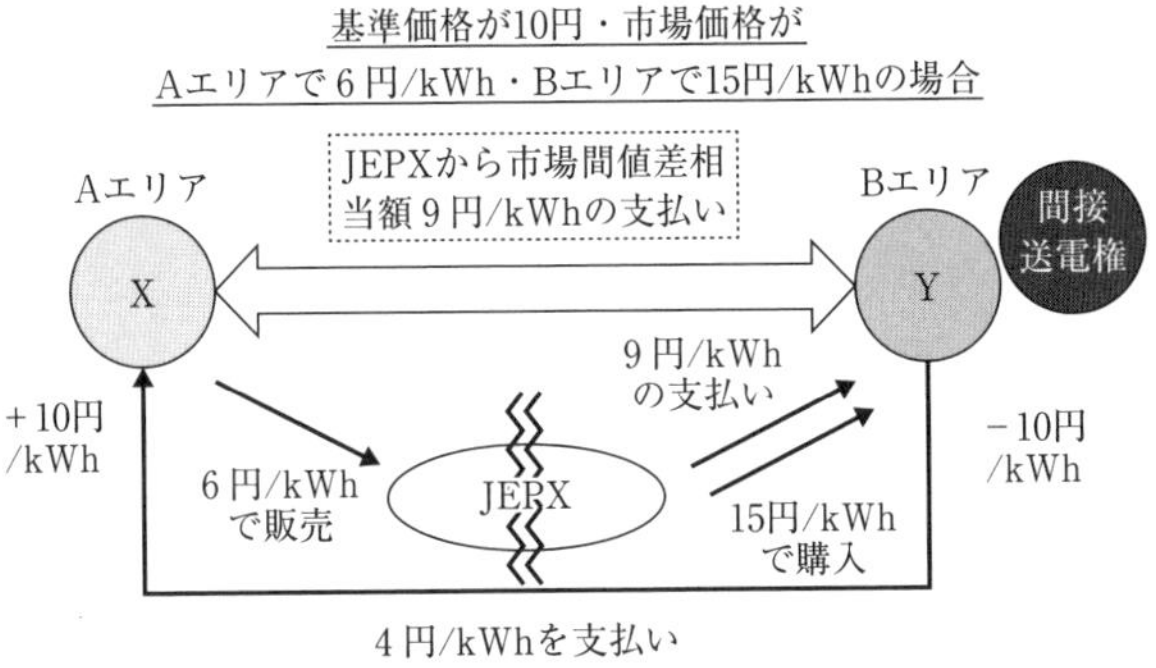

出所：地域間連系線の利用ルール等に関する検討会資料

このように、事業者はＪＥＰＸが発行する間接送電権を保有することで、市場間値差リスクの手当てができるようになります。

間接送電権については、制度検討作業部会中間とりまとめによれば、間接送電権の保有量がスポット市場の売り約定量、買い約定量の合計値を上回る場合には、その上回る部分については間接送電権による精算を行わないとされており、転売も禁止されています。このように、電力取引と一体として行われる限りにおいて、間接送電権も「デリバティブ取引には該当しない」と考えられています（同中間とりまとめ2、2・2・(5)。転売禁止につき42、43頁、デリバティブ取引に該当しないことにつき53、54頁）。

間接送電権は、２０１９年4月から取引が開始され、市場分断が生じる可能性の高い「週間・24時間型」の次の6商品が発行されています。「↑」「↓」は、電気の流れる向きを意味しています。

①北海道エリア↑　東北エリア（北本逆向き）
②東京エリア　↓　中部エリア（ＦＣ順向き）
③東京エリア　↑　中部エリア（ＦＣ逆向き）
④関西エリア　↑　四国エリア（阿南紀北逆向き）
⑤中国エリア　↑　四国エリア（本四逆向き）
⑥中国エリア　↑　九州エリア（関門逆向き）

（ｂ）経過措置対象事業者

２０１６年４月の時点で連系線の利用登録を行っている小売電気事業者に対して、２０１６年４月から10年間、市場間の値差を精算する権利、すなわち、間接送電権に類似した権利が経過措置として無償で付与されています。これは、従来、連系線の利用権を確保していた事業者の権利を一定の範囲で保護するために付与されたものです。この権利が付与されるためには、小売電気事業者と発電事業者の相対取引が従来と等価になっていること、すなわち（１）電力の販売価格・調達価格の変動リスクに対する手当てを行っていることが前提となる点には留意が必要となります。

今後

電源のメリットオーダーの観点や効率的な系統利用については、地域間連系線に限られる問題ではなく、より本質的には、地内系統の利用ルールの見直しも検討すべき課題といえ、実際に地内系統の利用ルールについても見直しが進められています。

この点については、次項で詳しく説明します。

３　新たな地内系統利用ルール

ポイント

・再エネ主力電源化を効率的に進めるため、既存の送配電設備を最大限活用

・日本版コネクト＆マネージを２０１８年から導入、系統への接続をしやすく

・地内基幹送電線についても、「先着優先」から「メリットオーダー」へ

図16　想定潮流の合理化イメージ

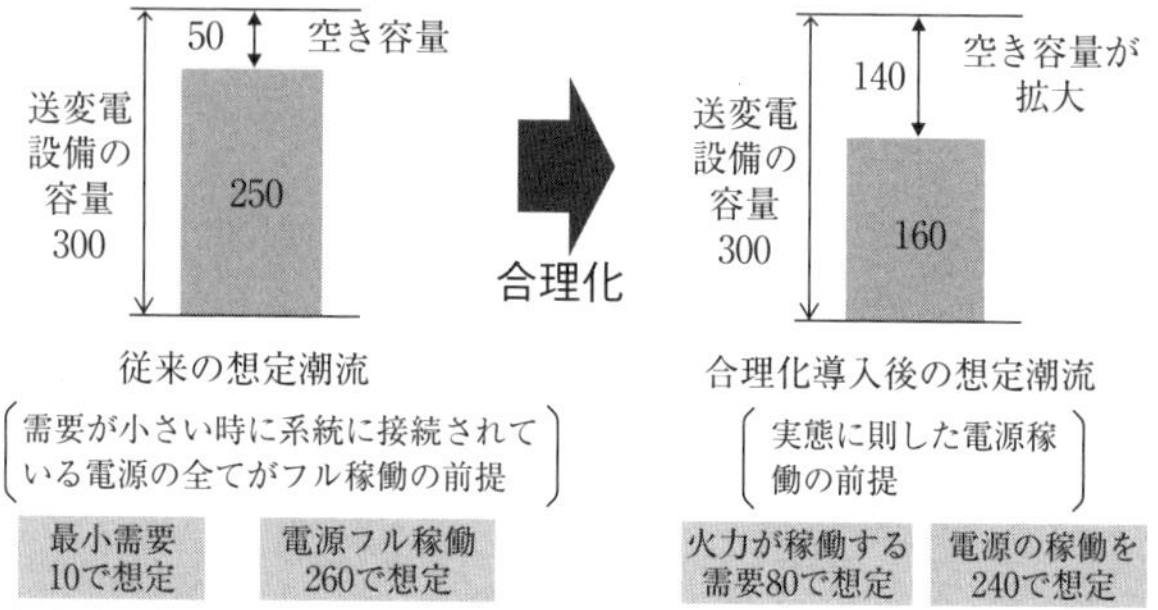

出所：広域機関ホームページ

背景

再エネの主力電源化により、既存の送配電設備は再構築が必要となりますが、同時に設備投資を最大限効率化して、早期に再エネ電源を系統に接続できる仕組みを整えることも重要になります。

発電設備は需要や気象状況（日照・風況）に合わせて稼働するため、常に送変電設備の容量を使いきっているわけではありません。このため、既存の設備の運用方法を見直し有効活用すれば、新たな設備増強をせずに利用することも可能になります。こうした新たな運用手法を「日本版コネクト&マネージ」と呼び、順次運用が進められています。

概要

日本版コネクト&マネージでは具体的に「想定潮流の合理化」「N－（マイナス）1電制」「ノンファーム

型接続」の３つの対策を実施しています。

（１）想定潮流の合理化

一般送配電事業者は、送変電設備への潮流を想定して空き容量を算定しますが、その系統に接続されている電源が、全て同時にフル稼働することは稀です。また、同じ地域に需要があれば、潮流はその分差し引かれることになり、こうした発電所の稼働と電力需要を考慮しながら潮流の最大値を算定することで、空き容量を増やし設備投資を抑制することができます。これを「想定潮流の合理化」と呼び、２０１８年４月から統一した算定ルールにより、全国で適用されています。

想定潮流の合理化の適用による効果として、全国で約５９０万ｋＷの空き容量の拡大が確認されています。

（２）Ｎ－１電制

複数の設備中１台が故障（マイナス１）することをＮ－１故障と呼び、Ｎ－１故障が起きても電力供給に支障を起こさないという考え方をＮ－１基準と呼びます。多くの送電線は１回線が故障しても、もう１回線で送電を継続できるよう、２回線以上（ほとんどは２回線）で構成し、送変電設備の連系可能量を半分（１回線）程度としています。この運用

図17　N－1電制適用による連系容量増加

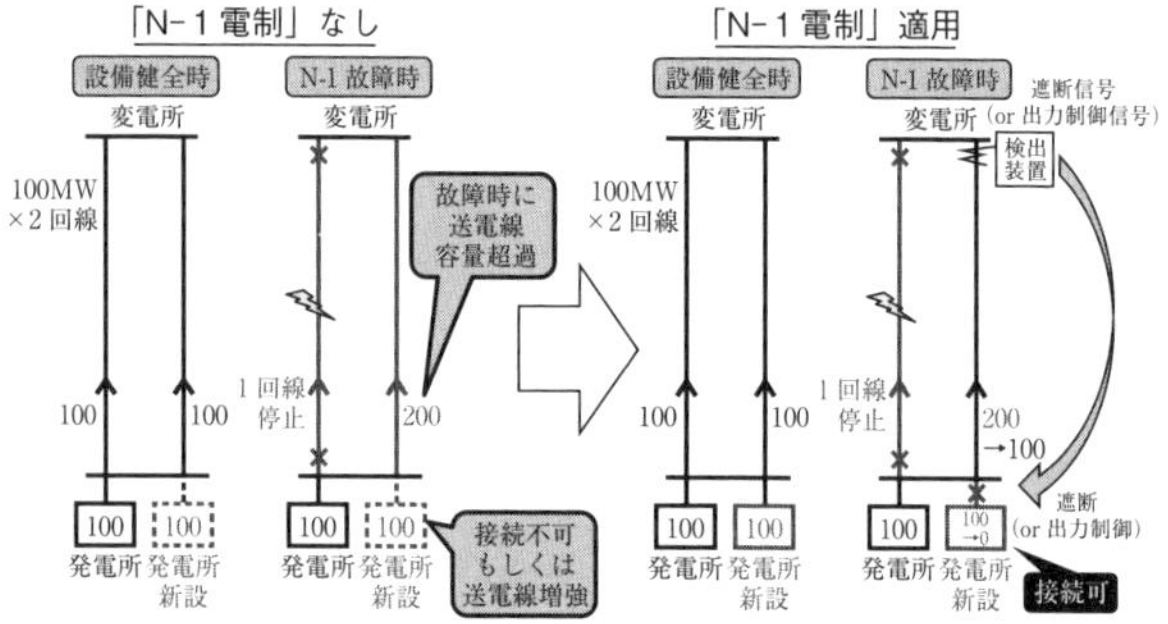

出所：広域機関ホームページ

を変更し、送変電設備の連系可能量を2回線容量まで拡大し、故障時には、電制（電源を遮断又は出力制御）することで設備を有効活用する方法を「N－1電制」と呼びます。この場合、後続の事業者は、故障時には電制されることを同意の上、連系することになります。「N－1電制」は、制御量が多くなるなど安定供給を損なうおそれがある系統には適用できないため、特に影響の大きい一部の基幹系統には適用されません。

2018年10月から、特別高圧系統へ接続する新規電源を対象にN－1電制の適用が開始されています（先行適用）。これにより、約4040万kWの連系容量の拡大の効果が確認されています。これは、電制をする装置をつけることが可能な電源が特別高圧以上のものに限られるところ、自ら電制を実施できる電源

（電制実施事業者＝機会費用の損失者となる電源）に限って、先行的に適用することとなったものです。これは、自ら電制を実施できる電源以外も対象とすると、電制を実施した電源と電制の対象となる電源が異なることになり、それらの電源間における機会費用の負担の在り方等の整理が必要となり時間がかかるためです。ただし、高圧系統へ接続する新規電源についても、２０２２年度中にはＮ－１電制が適用可能となるよう、現在、制度設計が進められています（本格適用）。

（３）ノンファーム型接続

平常時に必要な容量が確保されている（Firm＝ファーム）接続方式をファーム型接続と呼ぶのに対し、平常時でも容量が確保されていない（non-firm＝ノンファーム）場合でも接続するやり方をノンファーム型接続と呼んでいます。電源の送変電設備への連系可否は、基本的には電源の最大出力を前提として検討を実施することから、系統連系の時点では系統容量に空きがないと判断されていても、実際の系統状況は、発電設備の稼働状況や需要の動向により時々刻々と変化することから、空きが生じていることが少なくありません。ノンファーム型接続は、この既存設備の空き容量を活用することで設備の増強を行うことなく接続することを目的としたものとなります。ただし、Ｎ－１電制と異なり、送変電設備の事故や故障などがない平常時であっても、空いている容量の範囲で稼働することが前提となります。そのため、運転可能な空き容量が十分でない場合、ノンファーム型接続の電源に対しては出力制御が行われることとなります。

ノンファーム型接続は、系統の増強をした場合に費用対効果が悪い系統に対して適用することとされ、２０１９年９月から千葉エリア、２０２０年１月から北東北エリアと鹿島エリアで先行して実施されています。２０２１年１月からは全国の空き容量のない基幹系統に適用されています。また、基幹系統以外のローカル系統への適用についても議論が進められており、２０２１年春より東京電力パワーグリッド株式会社の供給区域の一部のローカル系統に試行適用されることとされています。

なお、ノンファーム型接続による連系量の拡大を目指す観点からは、出力制御の予見性を高めることが重要になります。そのため、エリア全体での需給バランスによる出力制御及び送電線の容量による出力制御を発電事業者自らがシミュレーションできるように制約の種類に応じた系統情報等の公開・開示も行われています（詳細は、系統情報公表ＧＬをご確認ください）。

今後

送変電設備に空き容量がない場合でもノンファーム型接続によって系統への接続は可能となりましたが、元々、系統容量を確保していた電源（ファーム接続）は出力制御されないことが前提でした。しかし、一般的に新しい電源は発電効率がよく、再エネであれば燃料費がかからないなど、発電することで生じるコストが低い電源になります。このため、系統容量を確保した順番（先着順）ではなく、市場価格が安い（≒運転コストが安い）電源から順番に運転した方が社会的なコストが低減され、電源のメリットオーダーが実現されることになります。また、混雑費用（平常時に出力抑制＝混雑処理がされる場合において、それを実施したことにより生じる費用）がかかることにより事業者が混雑系統を回避する選択肢を持つように、価格シグナルによる電源の新陳代謝を促すことも重要となります。このため、広域機関を中心に、新たな系統利用ルールとして、次のとおり、従来の先着優先からメリットオーダーの実現と適切な価格シグナルによる電源の新陳代謝の促進を目指した新たな仕組みの検討が進められています。

（1）系統運用者によるメリットオーダー（再給電方式）

再給電方式は、ＪＥＰＸでの取引が閉じる実需給の1時間前（一般に「ゲートクローズ」という。以下「ＧＣ」）の後に、一般送配電事業者が混雑系統で運転費用の高い電源の出力を下げ、代わりに混雑していない系統の電源の出力を上げる指示を出す方式をいい、このような処理を混雑処理といいます。これにより、空き容量がない系統においても運転費用の安い電源を優先的に発電することが可能となりメリットオーダーが実現されます。この運転費用については、あらかじめ一般送配電事業者が各電源から報告を受けてそれに基づき出力抑制等の指示を実施することになります。

また、この場合の混雑処理に係る費用（出力を下げた電源の運転費用と出力を上げた電源の運転費用を比較して後者が高い場合における運転費用の差額）の負担については、監視等委員会の制度設計専門会合においては、価格シグナルにより効率的な電源投資を促進するという観点からは混雑地域の発電事業者が負担する案が合理的である一方、当初は、システム改修費用等の実務面の負担も考慮して、一般負担（一般送配電事業者の託送料金により回収される）とする方向性が示されています。ただし、混雑の頻度・量の見通しなどについて大きな状況の変化があれば、混雑地域の発電事業者が負担する案を含め、改めて在り方を検討することとされています。

この場合、電源の新陳代謝を促し効率的な電源投資を促進する観点については、混雑系統の状況を公表することにより図ることとなります。

２０２２年中までに再給電方式を実施することを目指して、具体的な検討が進められています。

（２）電力市場によるメリットオーダー（市場主導型）

市場主導型の場合は、市場で落札された電源から順に送電線を利用する方式です。市場主導型は、基本的には市場原理によりメリットオーダー順で送電線が利用されます。また、混雑エリアでは市場分断により、他のエリアより市場価格が安くなるため、これから発電所を建設しようとする事業者が自然と空き容量のない地域を避けるという効果も期待でき、メリットオーダーの実現と価格シグナルによる電源の新陳代謝の両立を図ることが可能となります。こうした方式を、市場主導型の中でも「ゾーン制」と呼びますが、ゾーン制よりもさらに狭い範囲を対象に、よりきめ細やかにメリットオーダーに基づく送電線利用を行える「ノーダル制」と呼ばれる方式もあります。ノーダル制の導入にあたっては、システム開発で7、8年ほどかかるとされています。

再給電方式については、前記のとおり、価格シグナルが働かないことから、今後、適用が合理的と考えられる系統への選択肢としてゾーン制を議論し、長期的な視点で議論を要

図18　市場主導型（ゾーン制）のイメージ

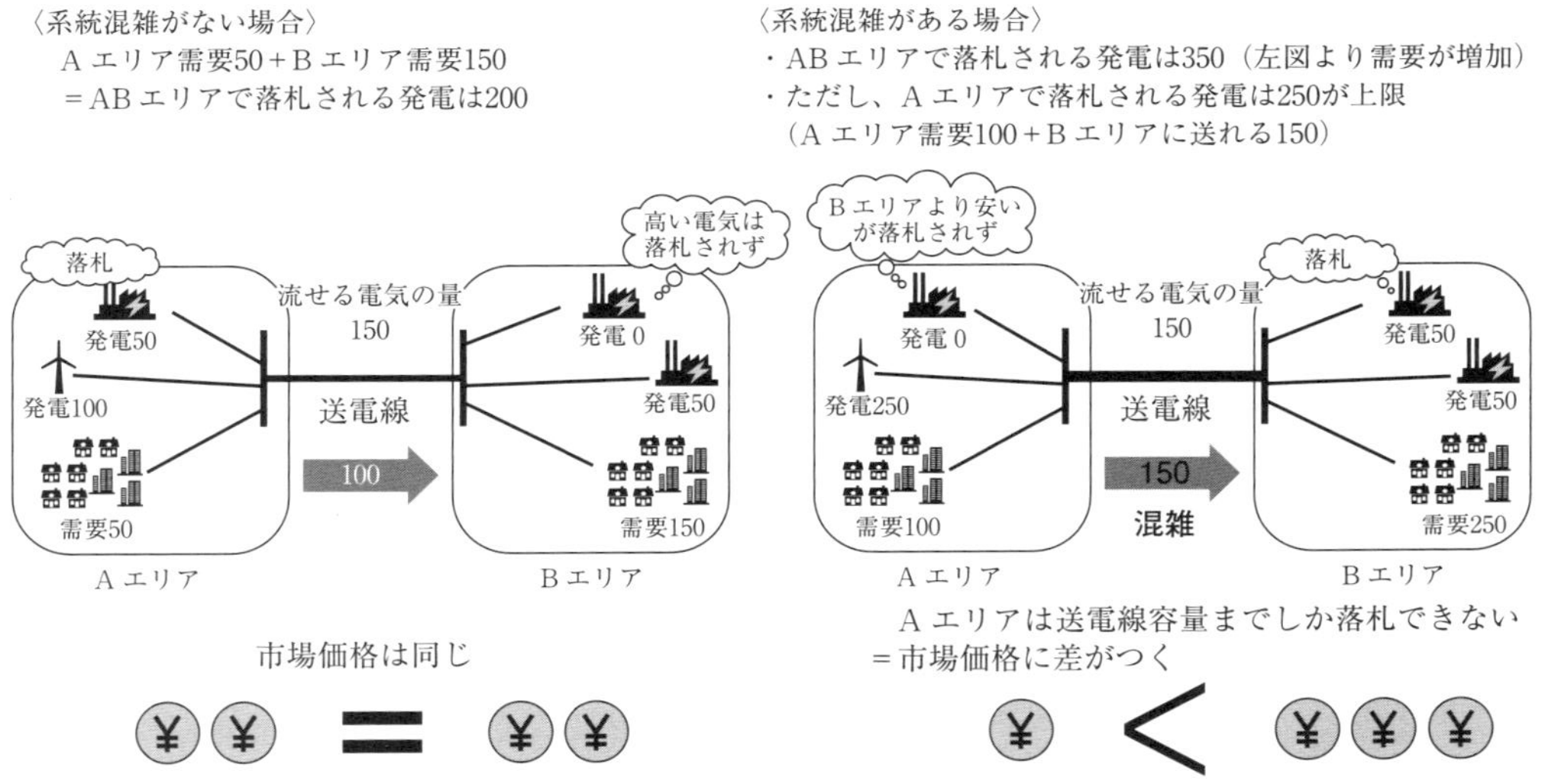
〈系統混雑がない場合〉
Aエリア需要50＋Bエリア需要150
＝ABエリアで落札される発電は200
落札
発電50
発電100
需要50
Aエリア
流せる電気の量
150
送電線
100
高い電気は落札されず
発電 0
発電50
需要150
Bエリア
市場価格は同じ
〈系統混雑がある場合〉
・ABエリアで落札される発電は350（左図より需要が増加）
・ただし、Aエリアで落札される発電は250が上限
（Aエリア需要100＋Bエリアに送れる150）
Bエリアより安いが落札されず
発電 0
発電250
需要100
Aエリア
流せる電気の量
150
送電線
150
混雑
落札
発電50
発電50
需要250
Bエリア
Aエリアは送電線容量までしか落札できない
＝市場価格に差がつく

出所：広域機関ホームページ

する選択肢としてノーダル制を議論する方向性が示されています。

既に系統へ連系をしている電源については、系統連系の際に、平時において出力抑制がされないことについて一般送配電事業者との間で一定の合意がされていたと評価できるところです。そのため、ゾーン制やノーダル制の導入において、既に系統連系をしている電源に対する適用の在り方については、政策的な意義・必要性とノーダル制の導入により受ける不利益の内容・程度、当該不利益を回避するための代替措置の有無等を総合的に考慮した検討が必要となります。この点も含め、今後、具体的に市場主導型による送電線利用の導入に向けた議論が進められることとなります。

4　託送料金制度（レベニューキャップと期中調整）

ポイント

・「総括原価方式」から「レベニューキャップ（収入上限）方式」へ

・2023年4月導入、2022年度から新たな評価項目による審査開始
・一般送配電事業者の効率化や将来に向けた投資が進む見通しの一方、期中調整により託送料金の変更頻度が増え、小売電気事業者にとって料金の見直し等の機動的な対応が必要に

背景

託送料金制度については、これまで総括原価方式を基本としてきましたが、現行制度の下においては、一般送配電事業者のコスト効率化のインセンティブが低いことや、災害復旧費用等、料金認可時には総額を予見することが難しい費用が機動的に回収できていないなど、改善すべき点があるといった課題が指摘されてきました。

概要

こうした課題解決の一環として、事業者自らが不断の効率化を行うインセンティブ設計とその効率化分を適切に消費者還元し、国民負担を抑制する仕組みの両立を図る制度として、総収入に上限を設けることでコスト削減を促す「レベニューキャップ」を中心とした

インセンティブ規制を導入すると共に、電力需要の見通しが不透明となる中、コスト効率化とレジリエンス強化等を両立させる課題への対応策として、災害復旧費用等の外生的な変動要因を機動的に託送料金へ反映させる「期中調整スキーム」を併せて導入することがエネルギー供給強靭化法に盛り込まれました。

（1）インセンティブ規制…レベニューキャップ

従来の「総括原価方式」は、電気の安定供給に必要な費用、例えば修繕費、原価償却費、人件費などの費用に適切な利潤を加えた総額が、託送料金の全収入と同額になるよう設定されます。地域独占の下で、電力安定供給と信頼度維持のための投資に支障をきたさないようするためですが、同時に、費用が適正かについては、監視等委員会が審査し、値上げ時には申請・審査・認可の手順を踏むこととなります。また毎年の利潤も監視され、過大な利潤が発生している場合には変更（値下げ）命令も行われます。

これに対し、「レベニューキャップ方式」は、事業者が一定期間ごとに必要なコストを算定し収入上限（レベニューキャップ）として設定し、期間内に効率化努力を行ったことによる利益は事業者の利益にすることができる仕組みです。また、効率化した成果は、翌期の収入上限に反映することで、系統利用者にも還元されることになります。

図19　総括原価方式からレベニューキャップ方式へ

現　状

総括原価方式（値上げ時。値下げ時は届け出制で柔軟に対応）

電気の安定供給に必要な費用（設備修繕費、減価償却費、人件費、税など）に適切な利潤を加えた額と、託送料金の収入が同じになるように設定

●値上げの場合は国が厳しく審査（認可申請）

●利潤が大きいと料金変更（値下げ）命令も

2023年4月導入へ

レベニューキャップ方式

国が一定期間ごとに収入上限（レベニューキャップ）を承認

●効率化した費用の一部を事業者が活用できる

●効率化への動機になると同時に、消費者にも料金低減のメリットが

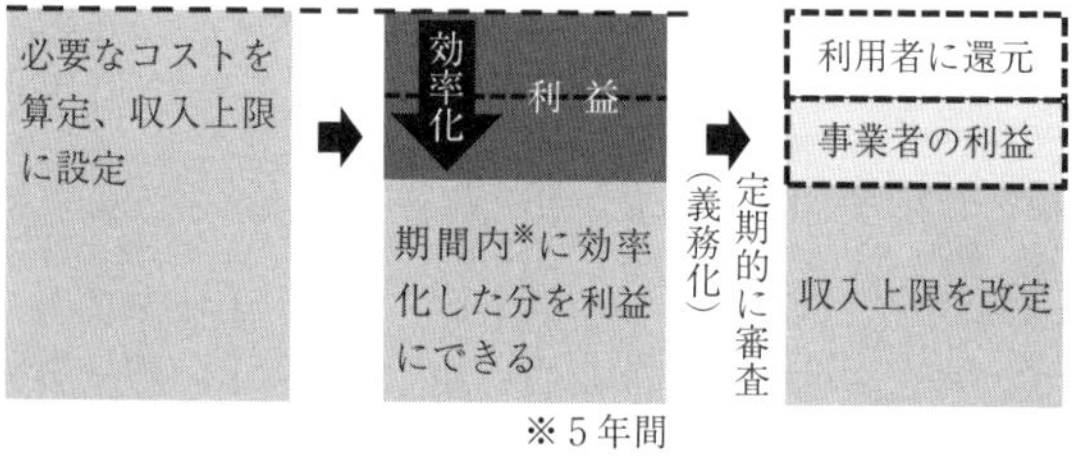

出所：各種資料より作成

具体的には、一般送配電事業者は、国の指針に沿って、5年間で達成する目標と設備増強計画や設備更新計画等の事業計画を策定し、必要な費用から収入上限を算定して、国の承認を受ける流れとなります。既にこの方式を導入している英国やドイツでも議論になりましたが、事業目標をどのように設定するかがカギとなり、これまでの議論では、「安定供給」、

「再エネ導入拡大」、「サービスレベルの向上」、「広域化」、「デジタル化」、「安全性・環境性への配慮」、「次世代化への対応」の7項目が提示されています。なお、日本の電力系統は高度経済成長期に建設された設備が主であり、高経年化対策や設備更新のタイミングも迫っているところです。そのような中で国民負担を抑制しながらレジリエンスを確保する観点から、既設の送配電網の強靭化やスマート化などに資する設備更新は、コストを効率化しつつ計画的に進めていくことが重要といえます。その観点から、エネルギー供給強靭化法においては、送配電変電設備の計画的な更新の義務が課されることとなりました（電気事業法第26条の3第2項）。また、送配電変電設備の更新については、これまでは、各一般送配電事業者ごとに蓄積された知見を基に進められてきたところですが、レベニューキャップを算定するため、広域機関が統一的な送配電変電設備の更新に関する高経年化設備更新ガイドラインを策定することとされ、マスタープラン検討委員会にて、議論が進められています。現在、既に一般送配電事業者による試行が開始され、２０２３年度の第1規制期間開始に向けて、準備・検討が進められているところです。

（2）期中調整スキーム

レベニューキャップ（収入上限）は期初に見積もって設定し、原則として変更しないものと規定されますが、対象の5年の間には一般送配電事業者の効率化努力とは無関係に外生的な費用変動も発生する可能性があり、期中に収入上限に反映する仕組みを導入する方向が検討されています。この外生的な費用や効率化が難しい費用については「制御不能費用」と定義し対象を選定する方向とされており、「費用変動が外生的に発生する費目（量・単価の両方が外生的な要因によって変動するもの）」、「合理的な代替手段がなく、一般送配電事業者の努力による効率化の取り組みが困難と判断した費目」の2点が挙げられています。具体的には「公租公課」「災害復旧費用」「PCB廃棄物処理費用」「振替損失調整額」「インバランス収支過不足の費用」のほか、再給電方式の導入による混雑処理費用等の「今後の政策変更による費用」が対象化項目として挙げられています。

一方、既にレベニューキャップ方式が導入されている英国やドイツで制御不能費用として区分けされている項目の中でも、効率化余地があることや予見可能なことを理由として、「補償費、賃貸料、託送料」「退職給与金」、調整力（ΔkW）費用等「効率化余地があると考えられる費目」などを除外することも提案されています。

今後

レベニューキャップ（収入上限）の設定や審査に関わる詳細事項については、2021

年の年明けから監視等委員会の料金制度ワーキンググループにおいて詳細ルールの検討が始まっています。レベニューキャップ方式は２０２３年度の導入となりますが、実際にこのルールに基づく託送料金審査は２０２２年度からスタートする見通しとなっており、詳細ルールの整備が行われています。

また、期中調整スキームが導入されると、従来と比較して託送料金の変動が高い頻度で発生することが予想されます。この場合、小売電気事業者としては、託送料金の変更に合わせて需要家への小売料金も機動的に変更するといった対応が必要となるといえます（※）。

（※）旧一般電気事業者による自由料金を選択しない需要家に対する小売供給の料金である経過措置料金においても、機動的に託送料金の変動を反映させるための仕組みについて、今後詳細を検討する必要があります。新電力を含む小売電気事業者としては、この具体的な仕組みを参考にして対応方法を検討することが合理的と思われます。

5　託送料金制度（発電側課金）

ポイント
・小売電気事業者が全額負担していた託送料金の一部を「発電事業者」も負担
・2023年度からの適用を目指しているが、基幹系統利用ルールの見直しも踏まえ、kW課金からkW課金＋kWh課金方式に

背景

託送料金はこれまで小売電気事業者が全額を負担していました。もっとも、今後、電力需要の伸び悩みが見込まれる一方で、再エネの系統連系ニーズの増加等により、電源起因による送配電関連費用の増大が想定されるところです。また、送配電設備の高経年化対策による送配電関連費用の増大も見込まれる中、将来にわたって託送料金を最大限抑制しつ

つ、質の高い電力供給を維持していくことが求められるところです。これらの課題に対応するには、系統利用者である発電側にも受益に応じた費用負担を求め、送配電網のより効率的な利用を促すことが必要とされました。

概要

前記の背景を受けて、監視等委員会において、２０１８年６月に発電事業者にも送配電関連費用のうち一部の固定費について新たに負担を求める「発電側基本料金」を導入する方向性が示されました（送配電網の維持・運用費用の負担の在り方検討ワーキンググループ中間とりまとめ（２０１８年６月））。

小規模（10ｋＷ未満）電源を除き、系統に逆潮流させている電源すべてを対象としており、ＦＩＴ電源も課金の対象となる見通しとなっています。受益に応じた負担をしてもらうことで発電側に起因する送配電関連費用の増大に対応するとともに、効率的な送配電網の形成につなげていくことが狙いです。

制度検討の当初は、発電事業者側が「託送料金の10％程度」を発電量に関わらず、発電設備の容量（ｋＷ）に応じて負担する案が示されていました。もっとも、２０２０年７月上旬に梶山経済産業大臣により、非効率な石炭火力の早期削減と併せて、発電側への課金制度についても見直しが指示され、この梶山大臣の指示を受けて監視等委員会の制度設計専門会合では、なぜ発電設備の容量（kW）に応じた課金をするかといった趣旨に遡った議論が行われています。

すなわち、発電設備の容量（kW）に応じた課金をする方向性が示されていたのは、系統に連系する全ての電源がいつでも発電設備の容量（kW）まで送電できるよう、送配電設備を整備・維持するとされていること、及び発電事業者は、いつでも発電設備の容量（kW）まで系統に電気を流せるという便益を受けていることがその根拠とされています。もっとも、基幹送電線の利用ルールの見直しにより、基幹系統については、設備の利用状況を踏まえた費用対便益評価により設備を整備・維持することとされ、発電電力量（kWh）も中長期的な送電設備の整備・維持コストに影響を与えると考えられること、及び将来的に、市場主導型の混雑管理手法（第3節3の「今後」参照）が導入された場合は、発電電力量（kWh）に応じて受益しているという考え方も取り得ることを踏まえ、従来の契約kWだけでなく発電電力量（kWh＝実際に送電した電力量）に応じた課金方式も併せて導入される方向性が示されています。その負担の割合は、1対1とされています。これらの議論に伴い、発電側基本料金から「発電側課金」に制度の名称が変更されています。

なお、発電側課金については、託送料金の総額が変わるものではなく、従来の託送料金の10%程度を発電事業者に負担を求め、残りの90%は引き続き小売電気事業者の負担とするというものです。そのため、発電側課金の導入により小売電気事業者としては、その負担を免れていることから、その免れた負担の部分は、小売電気事業者が発電事業者に対し卸供給料金へ転嫁する旨の合意をすることが適切といえます。この点については、制度設計専門会合の発電側基本料金に関する既存相対契約見直し指針（骨子案）（※）においてその方向性が示されているところです。

（※）監視等委員会第43回制度設計専門会合資料4「発電側基本料金の詳細設計について③」29頁以下

今後

調達価格（買取価格）に発電側課金が加味されていない既存のFIT電源に関して、2021年5月に開催された大量導入小委員会において、既認定案件のうち、小売発電事業者による買取りが行われているものについては、相対契約を通じた小売転嫁による調整（全国平均0・5円／kWh）がなされることを前提に、電源の特性により残る負担分についてのみ、調整措置の在り方を検討する方向性が示されました。具体的には、①負担分全額水準を賦課金で調整、②負担の一部（0・25円／kWh）を賦課金で調整し、残りを発電事業者が負担、③負担分全額を発電事業者が負担という3パターンの調整措置が論理的に考えられることを前提に、利潤配慮案件は①〜③の3パターン、利潤配慮がなされていない案件は①と②の2パターンが考えられるとの整理が示されています。また、既認定案件のうち、一般送配電事業者による買取りが行われているものについては、小売買取との公平性を踏まえ、小売転嫁相当分（全国平均0・5円／kWh）について調整措置の対象とする必要があるとの考えが示されました。

2023年度の発電側課金の導入に向けて、FIT電源の調整措置の具体的な在り方を含め、今後、より一層具体的な検討が加速することが予定されています。

6　インバランス料金制度の見直し

ポイント
・計画値同時同量が前提
・できるだけ実需給の電気の価値を反映させることを基本としつつ、需給逼迫時にはインバランス料金が上昇する仕組みを導入
・2020年度冬の需給逼迫と価格高騰を踏まえた新制度の検証も

背景

電気は、その特性として、容易に貯蔵できないという点があります。電力の瞬時瞬時の需給バランスを確保するための仕組みがインバランス制度となります。

このインバランス制度については、小売全面自由化以前は、実際の需要量と実際の供給

量を30分単位で一致させる「実同時同量制度」が採用され、その不一致（以下「実インバランス」）の量が3％を超えると、超えた分について、ペナルティが課されていました。これが小売全面自由化後、「計画値同時同量制度」に変更されました。計画値同時同量制度とは、発電側において、発電計画と発電実績を一致させ、小売側において需要計画と需要実績を一致させるという制度をいいます。また、併せて、発電側は発電計画と一致した販売計画と小売側は需要計画と一致した調達計画をそれぞれ提出し、その一致を確認することにより、発電側と需要側の計画値を一致させています。

計画値同時同量制度の下では、発電計画と発電実績の不一致と需要計画と需要実績の不一致を「インバランス」といいますが、実同時同量制度における実インバランスとは異なり、ペナルティ性を持たせた設計ではなく、現在は、市場（スポット市場等）価格連動をベースとした設計となっています。ただし、全面自由化の当初は、インバランス料金単価が予測しやすかったため、インバランス料金単価が調達する電力の単価より安いことが見込まれる場合は、意図的に不足のインバランスを出すといった事業者が出現し、実際に広域機関から指導を受けた事業者もいました。現在は数次の変更を経て、インバランス料金単価の予測がしにくい設計がされています。

インバランス料金は、実需給における過不足を精算するものであり、価格シグナルのベースとなるものであることから、本来は、実需給段階の需給の状況を踏まえた、その時点における電気の価値で精算されることを基本とすべきといえます。もっとも、これまでは、実需給における過不足は基本的にはエリアごとに調整力公募により調達・運用していたこともあり、需給状況に応じて変動する一定の仕組みとして、市場（スポット市場等）価格連動をベースとしたインバランス料金設計がなされていましたが、必ずしも実需給段階における電気の価値を反映したものとはいえませんでした。

概要

こうした中で、一般送配電事業者の需給調整に必要な調整力を市場で調達する需給調整市場が２０２１年４月から開設されることとなりました（第２節４参照）。これにより、実需給の過不足の調整は、需給調整市場に段階的に移行することになり、実需給段階における電気の価値を反映する仕組みとして、需給調整市場において取引されるｋＷｈ価格をベースとすることとなっています。

当初は需給調整市場の導入の開始に併せて２０２１年度からの適用について検討が進められてきましたが、システム開発が間に合わないとして、２０２２年４月からの新制度適

表13　新たなインバランス料金の基本的な考え方

	系統余剰の時	系統不測の時
余剰インバランス料金	限界的な調整力 kWh 価格※または卸市場価格（低い方）	限界的な調整力 kWh 価格
不足インバランス料金	限界的な調整力 kWh 価格※	限界的な調整力 kWh 価格または卸市場価格（高い方）

※太陽光・風力の出力抑制が行われているコマにおける調整力の限界的な kWh 価格は 0円 /kWh

用となりました。

詳細は、「2022年度以降のインバランス料金制度について（中間とりまとめ）」（令和元年12月17日、監視等委員会事務局）をご確認ください。

（1）新たなインバランス料金の基本的考え方

前記のとおり、インバランス料金は、実需給における過不足を精算するものであり、価格シグナルのベースとなるものとの考え方から、インバランス料金が実需給の電気の価値を反映するようにすること、及び関連情報をタイムリーに公表することを基本としています。

こうした考え方に基づき、インバランス料金は、その時間における電気の価値を反映するよう、次のような算定方法とされています。

①インバランス料金はエリアごとに算定する（ただし、②のとおり、調整力の広域運用は考慮）

図20　新たなインバランス料金算定の全体像

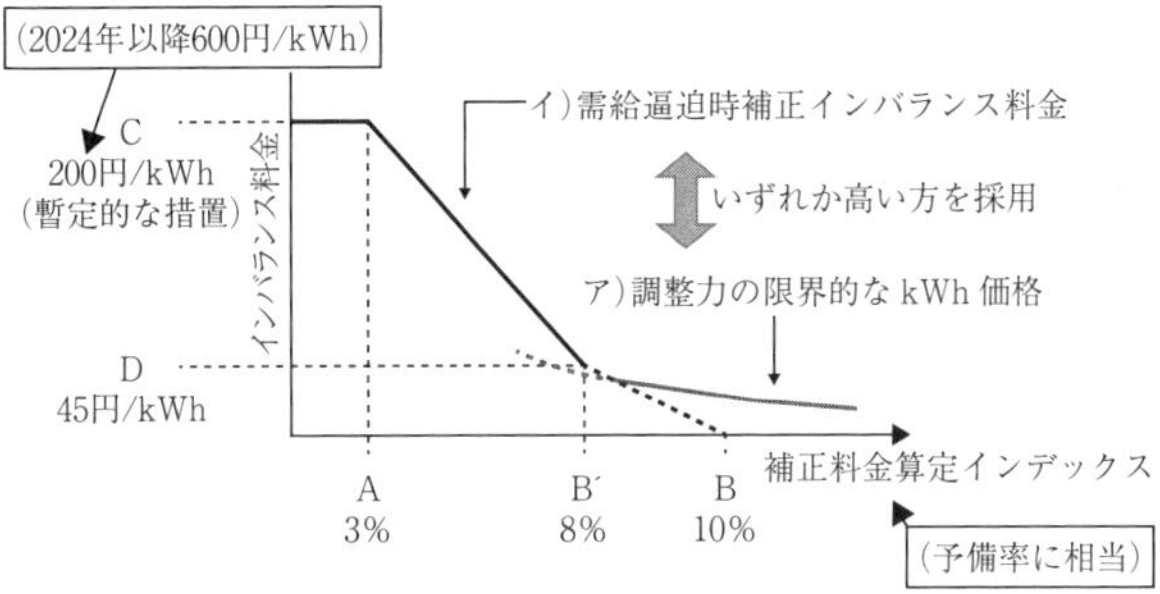

出所：電力・ガス基本政策小委員会資料

②コマごとに、インバランス対応のために用いられた広域運用された調整力（市場分断が発生した場合は、分断されたエリアごと）の限界的なｋＷｈ価格を引用する（卸市場価格に基づく補正の仕組み（※）も導入）。

なお、②の「調整力の限界的なｋＷｈ価格」とは、上げ調整（系統全体で不足しているとき）は、調整力の最も高いｋＷｈ価格であり、下げ調整（系統全体で余剰が生じているとき）は、調整力の最も低いｋＷｈ価格をいいます。

（※）登録された調整力ｋＷｈ価格が必ずしもその時点の需給状況を反映したものとなっていない場合があり、稼働した調整力の限界的なｋＷｈ価格が電気の価値を適切に反映しない場合があり得ることから、卸市場価格との関係が逆転する場合においては、**表13**の補正が行われます。なお、卸市場価格は、当面の間は、時間前市場における取引の実需給に近い取引から異なる5事業者・5取引の単純平均価格を用いることとされています。

また、前記の考え方をベースとしつつ、需給逼迫時における不足インバランスは、系統全体のリスクを増大させ、緊急的な供給力の追加確保といったコスト増をもたらす要因であることから、そうした影響がインバランス料金に反映されるよう、需給逼迫時にはインバランス料金が上昇する仕組みを導入することとされています。

以上の考え方を基にまとめられた新たなインバランス料金については、**図20**のとおりとなります。

インバランス料金単価「C」（縦軸）は「暫定的な措置」として、2022年度から2023年度までの2年間は200円／kWhとし、それ以降は600円／kWhとする方向性が示されています。「C」の需給逼迫時補正インバランス料金600円（暫定200円）が適用されるのは、実際にかなり需給が逼迫し、政府が需給逼迫警報を発令する広域的な予備率が3％以下となった場合に限定されます。

加えて、災害時のインバランス料金のうち、電力使用制限及び計画停電が実施されている場合のインバランス料金については、定数により補正することとされており、システム開発が不要であることを理由として、２０２０年７月から導入されました。これにより、電力使用制限の際のインバランス料金単価は、１００円／ｋＷｈ、計画停電の際のインバランス料金単価は、２００円／ｋＷｈ（２０２４年度以降は、６００円／ｋＷｈ）となります。

２０２０年度冬の市場価格の高騰に伴うインバランス料金負担の問題で顕在化しましたが、小売電気事業者（特に電源保有割合が少ない新電力）としては、このようなインバランスリスクをヘッジする方策（保険や先物取引等）を早期に検討することが事業運営上極めて重要となっています。

今後

「背景」に説明したとおり、インバランス制度については、電力自由化や需給調整市場などの市場環境の変化を踏まえた見直しがされています。

そうした中で、２０２０年度冬の需給逼迫とそれによるスポット市場の価格高騰の問題が発生しました。詳細については、「コラム　２０２０年度冬の需給逼迫と市場価格の高騰」をご参照いただければと思いますが、監視等委員会制度設計専門会合の価格高騰検証取りまとめにおいては、現行のインバランス料金制度についてはは、インバランス料金がスポット市場の入札曲線をベースに決める仕組みとなっているため、スパイラル的な高騰が発生したと考えられる一方で、「2022年度以降の新インバランス料金制度においては、そのコマで用いられた調整力のkWh価格や需給ひっ迫度合いをもとにインバランス料金が決定される仕組みとなり、スポット市場価格もインバランス料金の水準に影響を受けることから、2022年度以降は、今冬のように売り切れ状態が継続した場合においても、スパイラル的な高騰は発生せず、需給の状況を離れてスポット市場価格が上昇することはなくなる」とされています。

もっとも、この点についても、別途検証を行うこととされており、特に、需給逼迫時補正インバランス料金は、kWh不足の状況を十分に反映する仕組みとなっていない可能性があるとして、現行案のままでいいかについて検討する必要がある旨の言及がされているところです。

7　バランシンググループ制度

ポイント
・インバランス負担を軽減する仕組み
・インバランス料金は連帯債務であり、他の小売電気事業者の信用リスクを負担（メリットばかりではない）
・FIP制度の導入により、発電側バランシンググループも重要に

背景

発電側において発電計画と発電実績を、小売側において需要計画と需要実績をそれぞれ一致させることが求められる計画値同時同量の下においては、発電をして小売電気事業者等へ売電する者（以下「発電者」）や小売電気事業者は、原則として、事業者単位で前記

図21　需要バランシング・グループ（BG）における主な契約関係

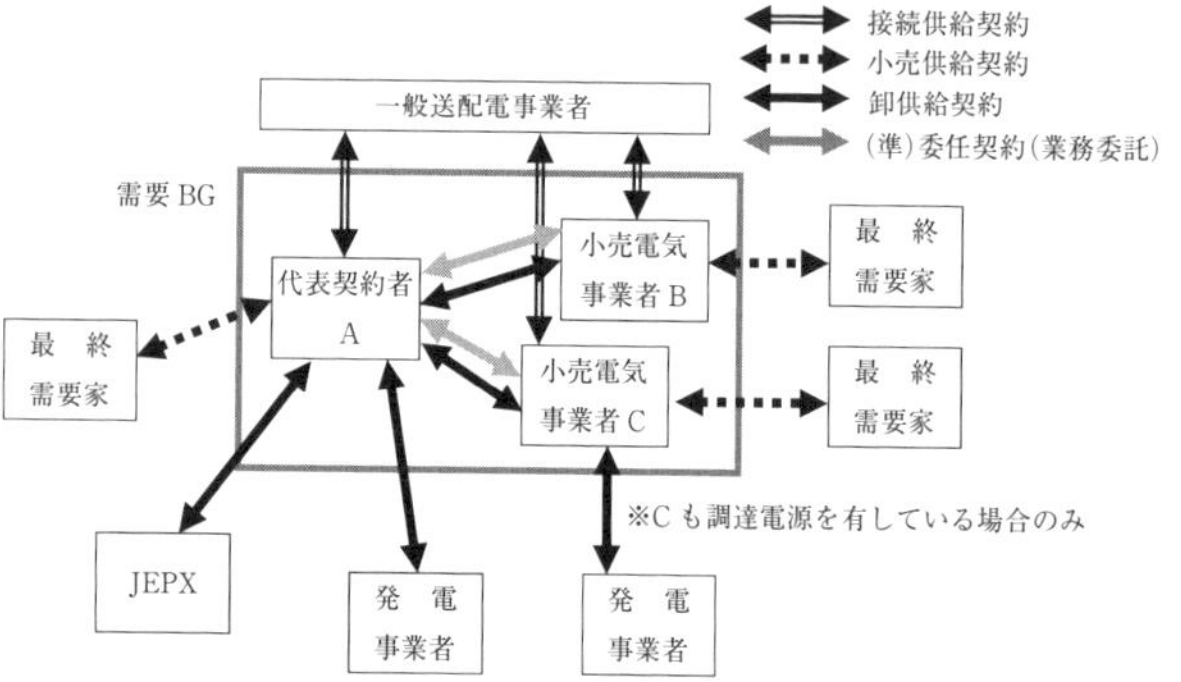

（注）　JEPX はスポット市場等の取引プラットフォームの提供者で卸供給契約の主体ではないものの、スポット市場等を通じた調達を表現するため、便宜上、卸供給契約の主体として記載

の一致できないことにより発生したインバランス料金の精算を実施することが基本となります。

もっとも、自然変動電源（太陽光・風力）の発電量や需要量の予測については、一般に規模の経済が働き、発電場所の数や需要規模が増加すると予測精度が高まり、発生するインバランスの割合も小さくなるとされています。そのため、現在、発電側、小売側双方において、複数の事業者をまとめてインバランス料金精算の単位とすることが認められており、これをバランシンググループといいます。これは、自然変動電源の発電量の予測能力や需要の予測能力及び電源の調達能力のない事業者にとってメリットのある制度となっており、これにより新規参入の障壁が低くなっているという側面もあります。
ここでは、託送供給等約款で明確に位置付けのある需要バランシンググループ（以下「需要ＢＧ」）を中心に解説します。

概要

（1）需要ＢＧ及びその契約関係

託送制度においては、代表契約者という制度があります。これは、託送供給等約款に関して一般送配電事業者と行う協議や接続供給契約の実施に関する権限を1の小売電気事業者に委託することを認める制度であり、この委託を受けた小売電気事業者を代表契約者といいます。そして、この代表契約者は委託された権限に基づいて、「需要計画等の計画提出や一般送配電事業者との協議」、「託送料金、インバランス料金その他の託送供給等約款に基づく金銭債務の支払」を代表して行うことになります。

そして、この代表契約者と代表契約者に前記権限を委任した小売電気事業者のグループを需要ＢＧと一般に呼んでおり、託送供給等約款においては、この需要ＢＧがインバランス料金精算の単位として位置付けられています。

需要ＢＧにおける主な契約関係は、**図21**のとおりです。

なお、代表契約者は、前記の代表して行う各業務のほか、通常は、ＪＥＰＸのスポット市場等を通じて又は発電事業者等から電力を調達する業務を含めて受託する場合が多く、その場合、当該業務委託に基づき調達をした電力を代表契約者Ａが小売電気事業者Ｂ又はＣへ卸供給を実施することになります。

前記のとおり、代表契約者が、スポット市場等を通じて又は発電事業者等から電力を調達する業務を含めて受託する場合を例にとると、需要ＢＧを組成するにあたり、代表契約者と小売電気事業者との間で締結すべき契約は、業務委託契約と卸供給契約となります。そのうち、代表契約者が業務委託契約に基づき受託する業務については、概ね次の業務となります（※）。

①需要予測業務
②需要計画に応じた電力の調達・発電の調整等業務
③需要計画等作成、提出業務
④一般送配電事業者からインバランス補給を受け、一般送配電事業者へ余剰インバランス供給をする業務
⑤託送供給等約款における託送料金支払い等託送手続代行業務

（※）その他、供給計画の作成業務等も考えられます。

なお、需要ＢＧを組成する場合、小売電気事業者が一般送配電事業者との間で締結することが必要となる電力の託送に関する接続供給基本契約は、代表契約者と需要ＢＧ内の小売電気事業者全員の連名により締結する実務運用が確立しています。そして、同契約上、代表契約者と需要ＢＧ内の小売電気事業者の間の業務委託契約が終了したとしても、当然には離脱した需要ＢＧ内の小売電気事業者と一般送配電事業者との間の接続供給基本契約は終了せず、終了させるためには当該小売電気事業者の同意が必要とされています。

こうしたことから、代表契約者としては、小売電気事業者の債務不履行によって解除した場合等業務委託契約終了時に同意を得られないといった事態を回避するため、需要ＢＧ加入時に当該業務委託契約が終了した場合は連名で締結している接続供給基本契約からも脱退する旨の同意を小売電気事業者から取得しておいた方がよいと思われます。このような手当てをしても実際に解除を争われた場合は接続供給基本契約の解除が認められない可能性はありますが、次善の策としては、このような対応が考えられるところです。

（2）一般送配電事業者に対して支払う債務

小売全面自由化前までは、需要ＢＧを組成する場合、一般送配電事業者に対して支払う債務は、全て代表契約者と小売電気事業者との連帯債務となっていました。しかしながら、需要ＢＧを組成する主たる目的は、インバランス精算のための単位とする点にあることからすれば、託送料金等、インバランスに関する費用以外の、本来的には小売電気事業者個別に帰属する金銭債務については、各小売電気事業者がそれぞれ債務を負うとするのが自然と考えられます。従って、このような金銭債務については、需要ＢＧを組成したことだけをもって、連帯してＢＧ内の小売電気事業者が債務を負う合理性はないといえます。

他方、インバランス料金は、需要ＢＧ全体で精算をすることから、個別債務とすることは難しいところです。

そのため、インバランス料金等（※）については、連帯債務とし、インバランス料金等を除く、託送料金（送電サービス料金）、工事費負担金、契約超過金、違約金等に係る金銭債務は個別債務とされています。

（※）接続対象計画差対応補給電力料金及び給電指令時補給電力料金に係る債務（遅延損害金含む。）及び保証金に係る債務をいいます。

（３）需要ＢＧのメリット・デメリット

（ａ）需要ＢＧのメリット

需要ＢＧのメリットは、大きく分けて次の2点と考えられます。

①発生するインバランスの割合を抑えることができる

②電源の調達、需給管理業務、一般送配電事業者とのやり取り等を代表契約者に委託でき、自らに電気事業に関する専門的なノウハウがなくとも小売電気事業を実施できる

メリット①について補足すると、同じ予測精度の場合、一般的には需要が多いほど生じるインバランスの割合が小さくなるといわれています。そのため、小売電気事業者が単独で需要計画を提出する場合よりも需要ＢＧを組成してその代表契約者がまとめて需要計画を提出する方が、発生するインバランスの割合を抑えることができるというメリットがあるのです。ただし、需要ＢＧに加入する各小売電気事業者にとってみれば、自らに生じるインバランス料金の負担を抑えることができるかどうかは、代表契約者とその需要ＢＧの各小売電気事業者との間で合意をするインバランス精算の在り方による点には留意が必要です。

(b) 需要ＢＧのデメリット

需要ＢＧのデメリットは、大きく分けて次の2点が考えられるところです。

①代表契約者のノウハウ等に依存

②需要ＢＧ内の小売電気事業者の未払いリスクを負担する可能性

デメリット①は、メリット②と裏腹の関係にあるといえますが、どのような代表契約者の需要ＢＧに加入するかが重要となります。

需要ＢＧ選択の際のチェックポイントとしては、「代表契約者の資力、信用力及び実績」、「需要ＢＧの電源ポートフォリオ」、「需要ＢＧにおいて過去発生したインバランスの実績」、「需要ＢＧを構成する小売電気事業者の顔ぶれ、数及び需要規模」、「ＢＧ内の小売電気事業者による未払いが生じた場合の求償関係」、「インバランス料金等の精算に関する考え方が明確か」、「新規加入者の手続き（新規加入に需要ＢＧ内の他の小売電気事業者の同意が必要か等）」などが挙げられます。

デメリット②については、代表契約者と需要ＢＧに加入する小売電気事業者いずれの立場からもいえることです。すなわち、まず代表契約者にとっては、前記のとおり電力の調達代行業務を実施する場合が多いことから、需要ＢＧに加入する小売電気事業者の支払能力が重要となります。また、需要ＢＧにどのような事業者が加入しているのかについては、需要ＢＧに加入する際の一つのチェックポイントになるため、この点からも需要ＢＧにどのような小売電気事業者を加入させるのかといった点は重要となります。

一方、一般送配電事業者に対して代表契約者が支払うインバランス料金等は需要ＢＧに加入する小売電気事業者の連帯債務とされています。このため、需要ＢＧ内の小売電気事業者が必要な支払ができないことなどにより代表契約者がインバランス料金等を一般送配電事業者に支払わなかった場合、各小売電気事業者が一般送配電事業者に対して全額インバランス料金の支払義務を負うことになります。また、代表契約者が一般送配電事業者に対する各種支払を怠った場合、その需要ＢＧに加入する小売電気事業者の債務不履行となり、新規のスイッチングが停止される又は接続供給契約が解除される可能性が出てくることになります。このように、代表契約者は需要ＢＧに加入する小売電気事業者の支払能力を、需要ＢＧに加入する小売電気事業者は代表契約者の支払能力を慎重に見極めることが極めて重要となります。

今後

託送供給等約款では明確な位置づけはないものの、発電側のインバランス精算の単位として、発電バランシンググループ（以下「発電ＢＧ」）を組成することも認められています。ただし、発電ＢＧの場合、託送供給等約款上、代表契約者制度はなく、発電ＢＧを組成する主体（需要ＢＧでは代表契約者の位置づけ）が発電契約者となり一般送配電事業者と発電量調整供給契約を締結することになります。そのため、インバランス料金（※）も発電契約者のみが債務者となり、発電ＢＧに属する他の発電者との間で連帯債務となることはありません。

（※）発電量調整供給受電計画差対応補給電力料金に係る債務をいいます。

ただし、２０２３年度から導入が予定されている発電側課金については、各発電者に課金がされることが想定されていますので、発電側課金については、各発電者の個別債務となる点には留意が必要となります。

ＦＩＴ制度の下においては、２０１７年3月までは小売電気事業者等が買取義務を負っていましたが、再エネ事業者が実質的にインバランス負担をしないためにＦＩＴインバランス特例①が設けられていました。もっとも、ＦＩＰ制度の下においては、ＦＩＴ事業者がインバランスを負担することとなります。今後は、発電ＢＧの組成についても、より一層重要性が増すものと思われます。

第4節　再生可能エネルギーの導入拡大

1　FITからFIPへ

ポイント
・再エネの市場統合へ向けた制度
・固定的な収入は保証せず、相対・スポット等での売電収入に、一定のプレミアムを上乗せして交付
・2022年4月より施行予定

背景

再エネ特措法は、東日本大震災が発生した２０１１年３月11日に閣議決定されました。

図22　再エネの導入量の推移（2010～2019年度）

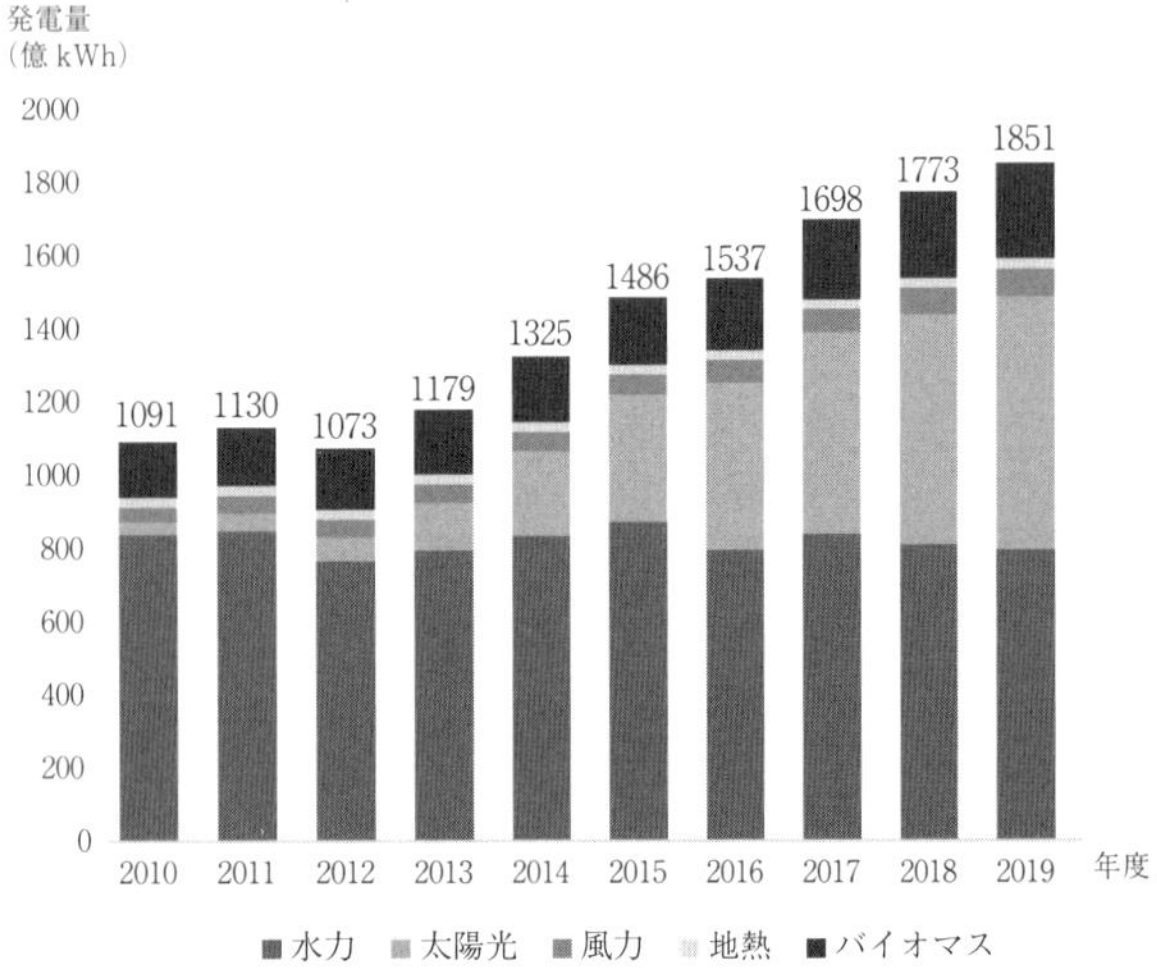

出所：総合エネルギー統計時系列表　電力調査統計

その後、東日本大震災及び東京電力福島第一原子力発電所事故を受け、再エネ導入の機運が更に高まり、買取価格の考え方等の変更が行われた後、2011年9月に成立し、2012年7月から導入されました。当時、民主党の菅直人総理が辞任の要件の一つとして再エネ特措法の成立を挙げていたのを記憶されている方もいらっしゃるかと思います。筆者は、再エネ特措法成立後の2011年11月に資源エネルギー庁の新エネルギー対策課（現新エネルギー課）に出向し、再エネ特措法の特定契約（買取契約）・接続契約の拒否事由やこれらの契約のモデル契約書の作成などを担当していました。今となっては隔世の感がありますが、再エネ特措法の導入前は、旧一般電気事業者以外でメガソーラー（1000kW以上の太陽光発電設備）を維持・運営している事業者は殆ど存在していませんでした。この再エネ特措法の下では、再エネ事業者は、再エネ電気を固定価格で長期間にわたって買い取られることが保証されており、投資回収の予見性が確保されています。これにより、発電所のキャッシュフローを引き当てにして資金調達を実施するプロジェクトファイナンスといったファイナンス手法の活用も活発化し、再エネ特措法の導入から現在までの間で、再エネ導入量は、太陽光を中心に大きく拡大し、電源構成全体に占める再エネの割合は、2010年度の約9%（うち水力約7・3%）から約18%（うち水力約7・8%）に拡大しました。

一方で、再エネ特措法の下での再エネの導入拡大に伴う課題も顕在化してきているところです。その一つとしては、国民負担の増大が挙げられます。再エネ特措法創設以来、太陽光発電を中心とした発電コストは低減傾向にあるものの、今なお国際水準と比較して高額といわれており、国民負担の増大の一因となっています。この点については、再エネ特措法の2016年改正においても、コスト効率的に再エネを導入するための入札制の導入や、認定を受けたまま事業を開始しない未稼働案件などへの対策として適切な事業実施を確保するための事業計画認定制度の創設などが行われたところですが、今後、再エネの導入を更に拡大し、再エネの自立化を促すためには、適正かつ効果的に各電源の新規開発を促進しながら国民負担を抑制していくことが必要不可欠といえます。そのため、再エネ特措法を再エネが他電源と同様に電力市場に統合される支援制度へと変えていく必要があるといえます。

概要

（1）FIP制度の導入

前記の背景を踏まえ、エネルギー供給強靭化法においては、競争電源については、FIP制度を導入することとされました。FIP制度とは、相対取引やスポット市場取引による売電収入に、次の供給促進交付金（以下「プレミアム」）を上乗せして交付する制度をいいます。

基準価格（あらかじめ定める売電収入の基準となる価格）－参照価格（市場価格等に基づく価格）×売電量（新法第2条の4）

この点について、例えば参照価格を市場で取引される時間単位（30分単位）で変更する場合、プレミアムの額も随時変更されるため収入の安定性が高くなり、投資インセンティブは強く確保される一方で、市場価格を意識した行動を促しにくくなるというデメリットがあります。他方、参照価格を長期間変更しない場合、市場変動にかかわらずプレミアムの額は固定されるため収入が予測しにくくなり、投資回収の予見性が下がるというデメリットはある一方で、市場価格が高い時間帯に売電を行うインセンティブが働くため、市場価格を意識した発電行動を促すことができるというメリットもあります。このため、投資インセンティブの確保と市場価格を意識した発電行動を促すこととのバランスを取ることが必要となります。

この点を踏まえ、参照価格については、「前年度年間平均市場価格＋月間補正価格（＝当年度月間平均市場価格－前年度月間平均市場価格）」とされています。この市場価格については、エリアプライス（※）とし、市場価格の変動を踏まえた発電事業者の発電・売電行動を促すという趣旨から、スポット市場の価格のみならず、スポット市場の価格と時間前市場の価格を加重平均した価格とされました。

もっとも、太陽光や風力といった自然変動電源については、季節や時間帯による発電量が大きく変動するという特性があります（例えば、太陽光は夜間は一切発電しない）。この特性を全く考慮せずに前記の加重平均した価格を単純平均すると、自然変動電源が卸電力取引市場から確保することが期待される収入水準とは、大きく乖離する可能性が生じます。このため、自然変動電源については、エリアの発電実績を踏まえて、加重平均を取ることとされています。

また、再エネの市場統合を進めるためには、電気の需要が少ない時間帯には卸市場価格が安くなるといった価格シグナルが事業者に伝わるようにすることが重要といえますが、出力抑制が発生する時間帯においてプレミアムを交付することは、この価格シグナルが適切に伝わらず制度趣旨にそぐわないところです。事業者がこの価格シグナルを受け、より多くの収入を受けることのできる時間帯に発電量をシフトする等の行動を促すため、スポット市場におけるエリアプライスが0・01円／kWhになった各30分コマ・エリアを対象に、プレミアムを交付せず、その分のプレミアムに相当する額を、前記以外の各30分コマ・同一エリアを対象に電源種別に割り付ける形で、プレミアムの算定を行うこととされています。

なお、最終的な参照価格やプレミアムの算定にあたっては、前記に基づき算出した卸電力市場の参照価格に環境価値相当額（環境価値の参照価格）を加算することとされています。この点については、（3）他市場との関係をご参照ください。また、現在、FIT電源により生じるインバランス（計画値同時同量制度の下での計画値と実績の発電量＝ｋＷｈのズレ）については、インバランスリスク料としてＦＩＴ交付金から手当てする仕組みとなっているため、ＦＩＰ制度の下においても、このインバランスリスク料を「参照価格」の算定に当たり卸電力市場価格と環境価値の合計額から控除することにより、プレミアムに加算することとしています。ただし、自然変動電源については、制度開始当初は、発電量の予測等のノウハウの蓄積が必要と考えられるため、経過措置として２０２２年度は1円／ｋＷｈ、ＦＩＰ制度施行から3年間は、1円／ｋＷｈから0・05円／ｋＷｈずつ、4年目以降は0・1円／ｋＷｈずつ低減させた金額をインバランスリスク料に加算することとしています。

（※）一般送配電事業者の供給区域（エリア）をまたぐ取引量が地域間連系線の送電可能量を上回る場合、エリア間で市場が分断され、約定価格は全国一律の価格ではなく、個々に約定処理を行った場合の価格が適用されます。この価格をエリアプライスといいます。

（2）対象となる電源

対象となる電源については、調達価格等算定員会で議論がされていますが、基本的な考え方として、①ＦＩＰ制度の対象となる領域のみならず、再エネの自立化を促し電力市場

表14　FIP制度の対象となる領域について

対象となる電源	規模等	交付期間
太陽光発電	50～1,000kW未満：非入札（FITと選択可能） 1,000kW以上：入札制	20年
風力発電	50kW以上：非入札（FITと選択可能）	20年
地熱発電	50～1,000kW未満：非入札（FITと選択可能） 1,000kW以上：非入札	15年
中小水力発電	50～1,000kW未満：非入札（FITと選択可能） 1,000kW以上：非入札	20年
バイオマス発電（一般木材等）	50～10,000kW未満：非入札（FITと選択可能） 10,000kW以上：入札制	20年
バイオマス発電（液体燃料）	50kW以上：入札制	20年
バイオマス発電（その他）	50～10,000kW未満：非入札（FITと選択可能） 10,000kW以上：非入札	20年

出所：再エネ大量導入・次世代電力NW小委、再エネ主力電源化制度改革小委　合同会議資料より筆者作成

へ統合していく観点から、②ＦＩＴ制度の対象となる領域であっても、ＦＩＰ制度の適用を希望する場合は、ＦＩＰ制度の適用を認めることとされています。また、同様の趣旨で、③既にＦＩＴ認定を受けている場合であっても、希望があればＦＩＰ制度への移行を認めることとされています。前記②及び③については、ＦＩＰ制度導入当初は、一定の要件（※）を具備した50ｋＷ以上（高圧・特別高圧）に限って認めることとされています。

（※）具体的には、供給しようとする電気の取引方法が定まっていること、および当該認定事業者が、系統連系先の一般送配電事業者が定める系統連系技

術要件におけるサイバーセキュリティに係る要件を遵守する事業者であることを要件とすることが予定されています。

①について、現時点で決まっている２０２２年度の取扱いについては、**表14**のとおりです。

（３）他市場との関係

ＦＩＰ制度の目的が再エネの電力市場への統合であることから、ＦＩＰ制度の対象となる電源の環境価値（非ＦＩＴ非化石証書（再エネ指定）としての価値）は、ＦＩＴ電源と異なりＦＩＰ制度の適用を受ける事業者（以下「ＦＩＰ事業者」）に帰属することと整理されています。そして、ＦＩＰ制度はあくまでも電力市場への統合のためのインセンティブのための制度であることから、ＦＩＰ事業者が、プレミアムによる補填を前提として、非化石証書を安易に低い価格で取引するようなことがあれば、本来の制度趣旨にはそぐわないといえます。このため、環境価値については、過去の市場価格（直近１年間＝４回開催分の価格）の平均値（約定量による加重平均）を参照することとされています。また、環境価値相当額を踏まえた参照価格の算定に当たっては、非化石価値取引市場で得ることができる収入をＦＩＰ制度のプレミアムの金額に適切に反映するため、（１）に基づき算出した卸電力市場の参照価格に環境価値の参照価格を加算して、参照価格やプレミアムを算定することとされています。

また、ＦＩＰ制度において、ｋＷ価値はＦＩＰ制度の基準価格の算定にあたって考慮されていること等から、価値の二重取りを防止する観点等から容量市場への参入は認められていません。一方、ΔｋＷの価値は、ＦＩＰ制度では評価されていないこと等から、価値の二重取りとはならないとして、需給調整市場への参入は認められています。

（4）想定される契約関係

ＦＩＰ制度の下においては、ＦＩＰ価格算定にあたって、参照価格は前記のとおりＪＥＰＸの価格を基準としていますが、実際には、相対取引等も想定されます。具体的に想定される市場における取引方法としては、大きく分けて**図23**の3パターンが挙げられるところです。

なお、買取先との卸供給契約が買取先の倒産等、ＦＩＰ事業者の責めに帰すべき事由によらないで終了した場合、ＪＥＰＸの資産要件（現行では純資産額１０００万円以上）を満たさず、ＪＥＰＸを通じた取引ができない１０００ｋＷ未満の電源を保有するＦＩＰ事業者に限り、緊急避難的な対応として、連続して最長12カ月間、基準価格の80％で一般送

図23　FIP認定事業者の想定されるkWh価値の主な市場取引方法

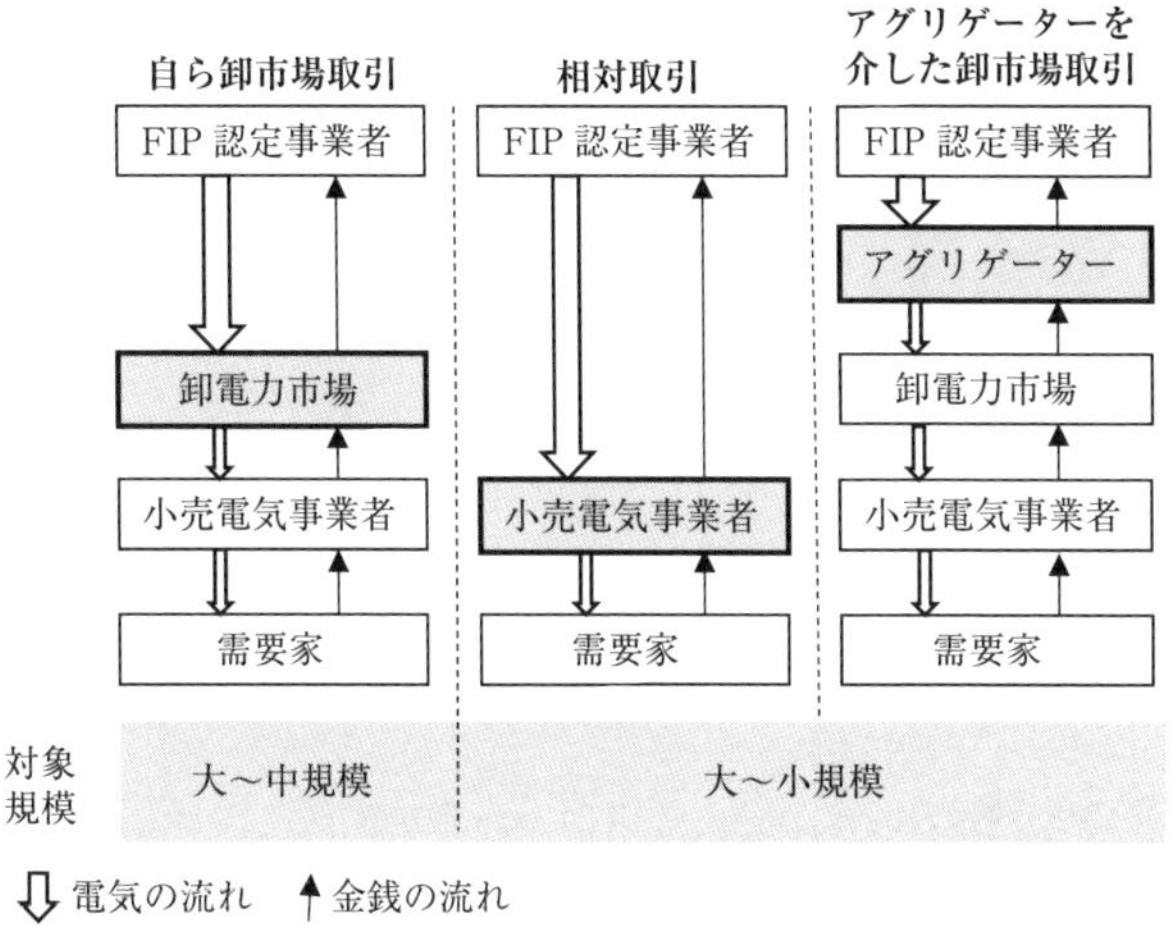

出所：基本政策分科会　再生可能エネルギー主力電源化制度改革小委員会資料

配電事業者等に買取を求めることができることとされています。これは最終保障供給（第1節3の「概要」参照）のFIP版といえます。

今後

２０２０年度冬のスポット市場価格の高騰の検証を踏まえ、FIP制度における卸電力取引市場の価格の参照方法についても、必要に応じて改めて検討することとされています。また、非化石価値取引市場については、見直しの議論も進められていることから、環境価値の参照にあたっても、必要に応じて改めて見直しをすることとされています。

FIP制度は、２０２２年４月より施

行されますが、再エネの自立化を促し電力市場に統合するための支援制度であることから、その運営にあたっては、ＦＩＴ制度と比較するより一層、電力市場の動向を踏まえた対応が必要となり、難しい舵取りが求められるところです。

コラム　廃棄費用の積立

太陽光発電は、再エネ特措法の施行以後着実に導入が進んできているところですが、参入障壁が低いことから、様々な事業者が取り組むことに加え、事業主体の変更が行われやすいという面があります。太陽光パネルには鉛・セレン等の有害物質が含まれていることもあるところ、発電事業の終了後、太陽光発電設備が放置・不法投棄されるのではないかといった懸念があるところです。再エネ特措法施行以来、廃棄等に必要な費用（以下「廃棄等費用」）を織り込んで調達価格が決定されており、本来は発電事業者が、調達期間終了後（基本的には運転開始20年後）に備えて積立てを自発的に実施することが期待されるところです。もっとも、実際には積立の実施率が低かったことから、事業用太陽光発電設備（10ｋＷ以上）の廃棄等費用について、２０

18年4月に積立てを努力義務から義務化し、同年7月から定期報告において積立て計画と積立ての進捗状況の報告を義務化していました。しかし、積立ての水準や時期は事業者の判断に委ねられるため、依然として適切なタイミングで必要な資金確保ができないのではないかとの懸念が示されていました。

このような状況を受け、エネルギー供給強靭化法においては、廃棄費用の積立に関する制度（解体等積立金制度）が設けられました（２０２２年4月に施行が予定されるエネルギー供給強靭化法に基づく改正再エネ特措法第7節）。

廃棄等費用は、原則として、交付金から控除し、広域機関に積立を行ういわゆる源泉徴収的な積立方式とされています（同法第15条の6第3項、4項、第15条の8）。太陽光発電設備の廃棄等費用の在り方を具体的に検討する廃棄費用等ＷＧにおいては、筆者も委員として議論に参加しました。膨大な数がある特定契約（買取契約）や接続契約を変更せずに源泉徴収する方法については、相当頭を悩ませましたが、法制度上一定の手当てをすることで、買取事業者のＦＩＴ事業者に対する廃棄等費用の積立金の支払い請求権と買取事業者がＦＩＴ事業者に負う買取代金債務を相殺処理することに可能とすることにより、各契約の変更なく廃棄等費用を源泉徴収することを実現しています。このように、廃棄等費用については、源泉徴収的な積立が原則ですが、対外的な公表や廃棄等費用の確保が確認できる等、一定の要件を満たすものとして認定を受けた場合は、例外的に事業者自ら積み立てることが認められています（同法第15条の11、第9条第3項、第4項）。これは、金融機関との契約に基づき適切な資金管理が実施されているプロジェクトファイナンスなどの案件を念頭に置いたものとなります。

また、当面は、10kW以上の太陽光発電設備の認定案件が対象とされており、積立金額の水準は、調達価格の算定において想定している廃棄等費用の水準（資本費の5%が原則）を踏まえて決定されています。調達期間の終了前10年間が積立期間として想定されていますので、2022年7月以降順次積立が開始されることとなります。

法制度上、解体等積立金制度については、太陽光発電に限ったものではありません。将来的には、具体的な状況を踏まえ、太陽光発電以外に適用される可能性も残されているところです。

2　洋上風力の促進のための制度（再エネ海域利用法等）

ポイント
・一般海域において最大30年間占用が可能に
・漁業関係者等の先行利用者との調整の枠組みも整備
・系統も将来的には国が確保へ

背景

洋上風力発電は、海外では急激にコスト低下が進み、大規模な開発も可能であることから、海に囲まれ、かつ国土の面積も狭い日本において、再エネの最大限の導入と国民負担抑制を両立する重要な電源といえます。

港湾区域における海域の利用ルールは２０１６年の港湾法の改正により整備されていま

したが、より設置可能量が多い一般海域の利用ルールに関しては、長期占用を実現するための統一的ルールや先行利用者との調整の枠組みが存在しないなどの課題により導入が進んでいないといった課題があり、それが一般海域における洋上風力の導入が進まない最大の要因となっていました。

概要

（1）再エネ海域利用法

２０１８年11月30日、これらの課題に対応することを目的とした、内閣府、経済産業省及び国土交通省の共管となる再エネ海域利用法が成立し、２０１９年４月から施行されています。

再エネ海域利用法は、洋上風力発電の円滑な導入のため、一般海域の長期占用を実現するための統一的ルールを定めるものであり、まず、経済産業大臣及び国土交通大臣がポテンシャルや系統の状況及び漁業関係者の同意の有無等を踏まえ、「促進区域」を指定します。次に、促進区域内において、事業者を選定するための公募手続きを実施します。公募にあたっては、供給価格のみならず、事業の実施能力や地域との調整等の観点から事業実現性も評価の対象とされています。日本国内で例のない事業であることを踏まえ、当面

図24　再エネ海域利用法の概要

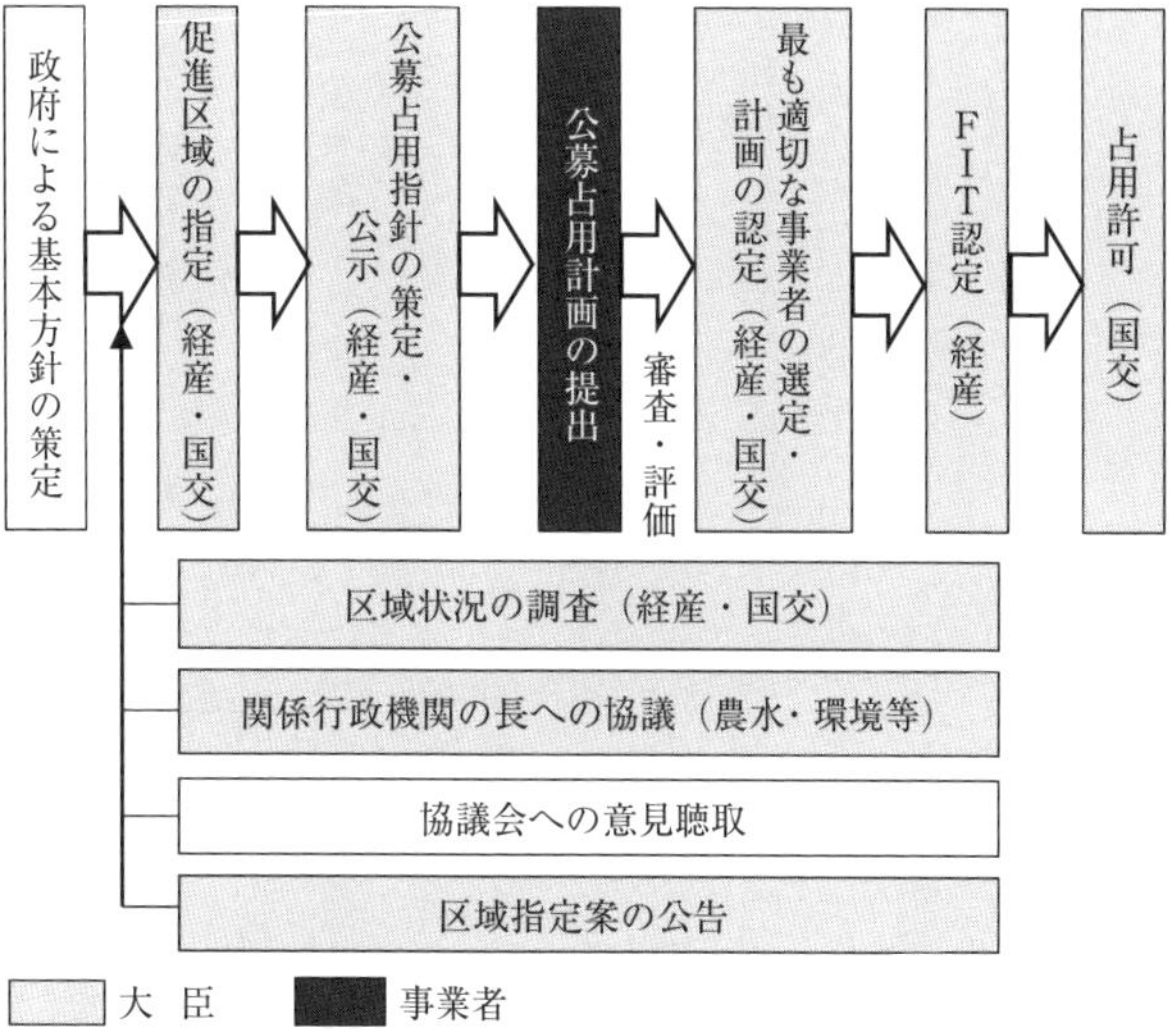

は、供給価格と事業実現性を1対1で評価することとされていますが、将来的には、国民負担の低減の観点も踏まえ、供給価格の比率を高くすることが予定されています。そして、この公募により選定された事業者に対して、促進区域内の海域を最大30年間占用する権利が付与されることとなります（再エネ海域利用法第19条第2項）。

また、再エネ海域利用法は、海運業や漁業等の海域利用との調整枠組みとして、関係者間で必要な協議を行うための協議会を設置することが定められています（同法第9条）。具体的には、「(i) 経済産業大臣、国土交通大臣及び関係都道府県知事」、「(ii) 農林水産大臣及び関係市町村長」並びに「(iii) 漁業関係者等の利害関係者、学識経験者等の(i)に記載するいずれもが必要と認めた者」が構成員となることとされています。協議会の構成員に対する法的な拘束力はないという点で一定の限界はありますが、協議会の構成員は協議の結果を尊重することが求められています(同法第9条第6項)。一方、協議会における取りまとめにおける留意事項として、漁業の振興を目的とした基金の創設といった漁業関係者との具体的な調整の方針が明記されており、公募にあたっては、公募参加者にその留意事項を尊重することが求められているところです。このような協議会の仕組みは、事業者の予見可能性を向上させ、その負担を軽減するとともに、漁業その他の海域の多様な開発及び利用、海洋環境の保全並びに海洋の安全の確保との調和を図ることに繋がることが期待されるところです。

(2) 円滑な系統連系に向けた対応

再エネ海域利用法においては、系統の連系に関して特別なルールが設けられておらず、促進区域の指定にあたっては、系統の確保が見込まれることが要件となるに留まります。そして、現状は、公募への参加を希望する事業者が確保している系統を当該公募において活用することを希望していることが必要となります。もっとも、公募の結果、系統を提供した事業者（以下「系統提供事業者」）以外の事業者が選定された場合は、選定された事業者（以下「選定事業者」）に適切に承継されないリスクが残ります。この点については、公募においては、系統提供事業者に対して、既に支払済みの工事費負担金や諸経費に一定の運用利益率を乗じた金額で、選定の通知を発した日の翌日から3カ月以内に遅滞なく当該系統容量に係る全ての接続契約上の地位等を選定事業者に承継することが求められています。その期間内に、合理的な理由なく系統提供事業者が当該契約上の地位等を承継しなかった場合等においては、一定の期間、再エネ海域利用法に基づく公募への参加を認めないこととされています。これにより、系統提供事業者以外の者が選定されたとしても系統が承継されないという事態を回避することを担保しています。

もっとも、区域指定の前提として事業者による系統容量の確保を求めることとすると、次のような課題が生じるところです。

①区域指定の規模が、事業者が獲得した系統枠の規模に依存するため、洋上風力のコスト低減を進めるために必要な規模で区域指定を行えない

②海域の占有は陸上と異なり、風力事業者が同じ区域で重複して系統枠を確保してしまうおそれがあり、必要規模以上に系統枠が押さえられてしまい、本来系統接続できたはずの

図25　系統確保スキームのフローイメージ

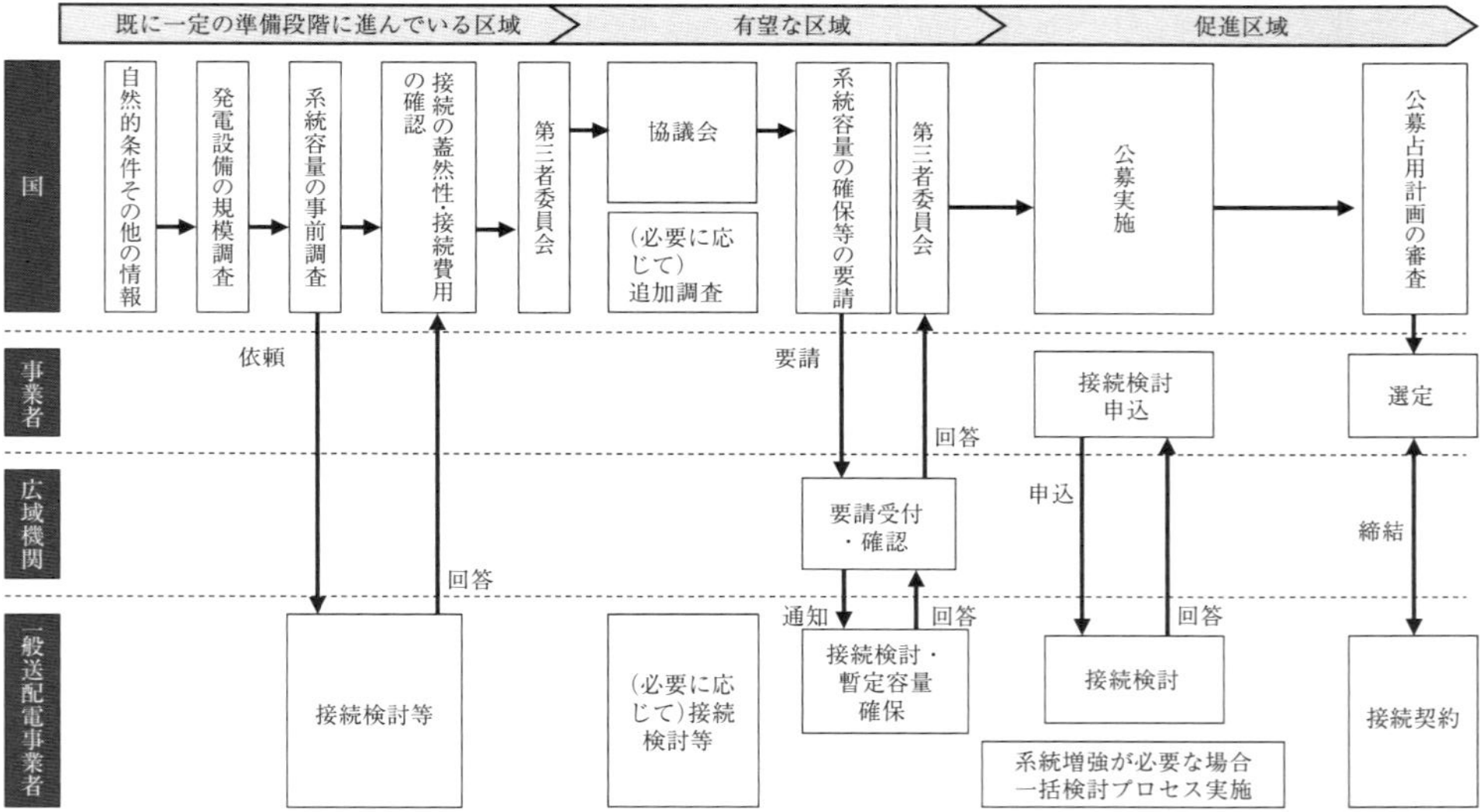

出所：省エネルギー・新エネルギー分科会再生可能エネルギー大量導入・次世代電力 NW 小委員会洋上風力促進 WG、交通政策審議会港湾分科会環境部会洋上風力促進小委員会　合同会議資料

他電源が接続できなくなる
③系統枠を確保した事業者が公募で勝てなかった場合の事業承継ルールが複雑
④複数の事業者が系統枠を確保した場合、落札できなかった事業者は接続契約の承継を行えないというリスクを負う

このため、一括検討プロセスにおいて、洋上風力の公募プロセスに併せてあらかじめ国により系統を確保するといった方策（系統確保スキーム、**図25**）の検討が進められているところです（一括検討プロセスについては、第３節１の「概要」（３）参照）。

（３）基地港湾の整備

再エネ海域利用法においては、基地港湾については、促進区域と一体的な利用が可能であることが促進区域指定の要件とされていますが、洋上風力の建設を巡っては、港湾の機能強化が課題とされていました。ブレードなど大規模な資機材の荷揚げや設備の組立てなどを扱える港湾は少なく、その利用にも、参入時期の異なる複数の発電事業者間による調整が必要となります。

この問題に対処するため、洋上風力発電設備の設置に向けた埠頭貸付制度の創設などを盛り込んだ改正港湾法が２０１９年11月29日に成立しています。同改正法においては、国

表15　促進区域一覧

促進区域	指定日	公募期間
長崎県五島市沖	2019.12.27	2020.6.24～2020.12.24
秋田県能代市、三種町、男鹿市沖	2020.7.21	2020.11.27～2021.5.27
秋田県由利本荘市沖（北側・南側）	2020.7.21	2020.11.27～2021.5.27
千葉県銚子市沖	2020.7.21	2020.11.27～2021.5.27

道交通大臣が建設拠点となる基地港湾を指定し、設備設置後の大規模修繕などにも対応できるように発電事業者に長期間貸し付ける制度を設けることとされています。これを受け、2020年9月2日に各促進区域に対応した基地港湾が指定されており、公募においては、その港湾を活用することが基本的に想定されているところです。

今後

2021年5月末時点で、促進区域が指定され、公募手続きが開始され終了したのは、**表15**の4箇所となります。なお、長崎県五島市沖のみ浮体式で、その他は着床式を前提としています。

また、2020年7月3日に、既に一定の準備段階が進んでいる区域として整理された10区域のうち、協議会の組織等の準備に着手する「有望な区域」とされているのは、次の4箇所となり、順調に進めば、これらは促進区域に指定される区域となります。なお、長崎県西海市江島沖のみ浮体式で、その他は着床式を前提としています。

①青森県沖日本海（北側）

②青森県沖日本海（南側）
③秋田県八峰町及び能代市沖
④長崎県西海市江島沖

洋上風力の産業競争力強化に向けた官民協議会においては、政府として、年間100万kW程度の区域指定を10年継続し、2030年までに1000万kW、2040年までに浮体式も含む3000万kW～4500万kWの案件を形成することを目標に掲げました。

前記のとおり、洋上風力の促進のために必要な各種制度の整備は着実に進められてきているところですが、2050年のカーボンニュートラルの実現に向けて洋上風力の導入拡大は不可欠であり、政府の目標の達成のためには、環境アセスメント手続きの迅速化など、今後残された課題への迅速な対応も重要となるものと思われます。

3　再エネ電気の直接購入（コーポレートＰＰＡ）

ポイント

・直接発電所から再エネ電気を購入するニーズの高まり
・オンサイトＰＰＡは電気事業法の規制対象外、オフサイトＰＰＡは、自己託送・自営線供給
・自己託送の要件緩和等によりオフサイトＰＰＡが拡大

背景

近時は、政府による２０５０年カーボンニュートラル宣言等を受けて、カーボンニュートラルに向けた各企業の取り組みも活発化しており、ＲＥ１００（事業活動で使用する電力を、全て再エネ由来の電力で賄うことをコミットした企業が参加する国際的なイニシア

チブ）へ参加する企業やＳＢＴ（パリ協定が求める水準と整合した、５年から15年先を目標として企業が設定する、温室効果ガス排出削減目標及びその達成に向けた国際イニシアチブ）、ＣＤＰ（投資家向けに企業の環境情報の提供を行うことを目的とした国際的なＮＧＯで、気候変動等に関わる事業リスクについて、企業がどのように対応しているか、質問書形式で調査し、評価したうえで公表するもの）に参加する企業も増えているところです。

電気事業法上は、原則として、需要家が発電事業者から直接電気を購入することはできず、小売電気事業者を介して供給を受けることが必要となります。例えば、前記のＲＥ１００は、小売電気事業者が特定の再エネ発電所から電力と非化石価値を購入し、その電気と非化石証書を組み合わせて需要家へ供給することでも実現は可能ですが、近時は直接、再エネ事業者から購入したいというニーズが高まっています。

概要

概念は必ずしも明確ではないですが、一般に、企業や自治体などの法人が発電設備を設置する者から再エネ電力を直接購入する相対の電力購入契約をコーポレートＰＰＡと呼びます。このコーポレートＰＰＡは、大きく「オンサイトＰＰＡ」と「オフサイトＰＰＡ」

の2つに分かれます。

（1）オンサイトPPA

オンサイトPPAは、工場やスーパーの屋根など需要家の施設の屋根等に第三者が太陽光発電設備を設置し、その太陽光発電設備から需要家の施設に供給する契約をいい、太陽光発電設備と需要が同一の発電場所兼需要場所にあることを前提としています。また、当該太陽光発電設備からの電力で不足する場合は、小売電気事業者から別途供給を受けることになります。

2015年頃から、筆者はオンサイトPPAのスキームや契約書作成等のアドバイスを実施してきましたが、近時は急速にその依頼が増えている印象を受けています。

オンサイトPPAは、太陽光発電設備を一度設置すると、供給先が需要家の施設以外の代替性が基本的にはなく、投資回収の観点から10年以上の長期にわたる契約を締結することから、当該需要家施設の需要の安定性や継続性、需要家の信用力が重要となります。このため、オンサイトPPAにおいては、需要が減少した場合の手当てとして、最低引取量の定めや需要が一定以上上下振れした場合における供給価格の見直しといった規定を設けたり、当該施設において事業を廃止した場合の手当てに関する規定を設けることが一般的と

図26　差分計量のイメージ

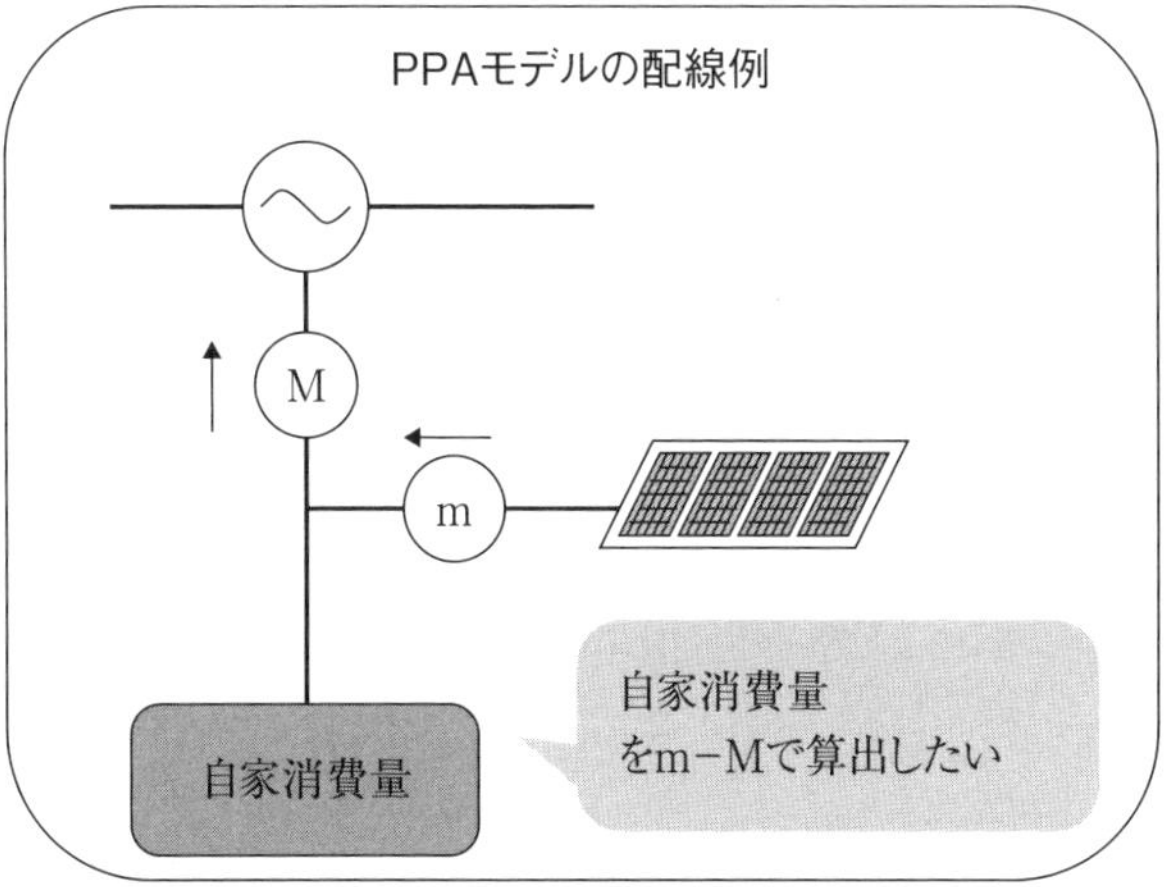

出所：特定計量制度及び差分計量に係る検討委員会資料

いえます。

また、オンサイトＰＰＡにおいては、太陽光発電設備から発電した電力のうち需要家の施設では消費されず余剰となった電力を一般送配電事業者の系統へ流す（以下「逆潮流」）場合は、計量法との関係について留意が必要となります。この点、需要場所には、系統側への逆潮流量を計測するため一般送配電事業者が設置する検定済の計量器（図26のＭ）があるところ、自家消費量を計量するためには、太陽光発電設備に検定済の計量器（図26のｍ）を設置し、当該計量器で計量された発電電力量（ｍ）から一般送配電事業者が設置する計量器で計量された逆潮流電力量（Ｍ）を控除する方法が合理的な計量方法と思われます。仮に、家庭内消費量を直接計量する場合は、分電盤などの追加工事が必要となり、物理的に設置が困難なケースも存在するところです。

もっとも、このような差分計量については、従来、正確な計量をするよう努めることを求めている計量法第10条に違反し、同法に基づく指導・勧告の対象となりうるところでしたので、契約上の一定の工夫が必要なところでした。ただし、2021年2月の特定計量制度及び差分計量に係る検討委員会において、次の要件を満たす場合は、差分計量が認められることが明確化されました。
・差分計量による誤差が特定計量器に求められる使用公差内となるよう努めること
スマートメーター同士を使用する差分計量については、取引の精算期間等において、差し引かれる計量値に対して差分計量により求める自家消費量が発電量の20％以上であることが必要とされています。また、差分計量で求める値に対して差し引く計量値の割合が一時的に一定割合を下回る期間（例えば、自家消費量が少ない期間）については、別の精算ルールを設ける等、取引の相手方に損をさせない取引ルールを定める必要があるとされています。
・それぞれの計量器の検針タイミングを揃えていること

・それぞれの計量器の間に変圧器等電力消費設備を介さないことなど適正に差分計量を行える配線であること

また、当事者間のトラブル発生を防ぐ観点から、次の事項を実施することが必要とされています。

・差分計量を行うことについて当事者間で合意があり、契約・協定等で担保されること

・当事者がそれぞれの計量器の計量値を必要に応じて把握できるようにしておくこと

契約上も以上の点を踏まえた手当てが必要となります。

（２）オフサイトＰＰＡ

オフサイトＰＰＡの用語は、特に人によって使い方・捉え方が様々という印象です。小売電気事業者を介して発電所に紐づけて電気の供給を実施するスキームも「バーチャルＰＰＡ」などとしてこの類型に含まれることを前提として議論されることもありますが、本書では、オンサイトＰＰＡと異なり、太陽光発電設備の発電場所と異なる場所に需要家の需要場所がある場合において発電事業者から直接需要家へ供給することを内容とする契約をいうこととします。

太陽光発電設備の発電場所と異なる場所に需要家の需要場所がある場合は、原則として

小売電気事業者を介することが必要となり、これ以外で供給する場合は、特定供給の許可が必要となるところです（電気事業法第27条の30第1項）。もっとも、「自己託送に該当する場合」や「自営線を敷設して直接供給する場合で、専ら一の需要場所の需要に応じて電気を供給する場合」は、例外的に、特定供給の許可がなくとも供給をすることが可能となります。

自己託送とは、自家用発電設備を設置する者が、その設備を用いて発電した電気を、一般送配電事業者が維持・運用する送配電ネットワークを介して、別の場所にある自社工場等に送電する際に、一般送配電事業者が提供する託送供給サービスをいい、自己託送は、託送供給の一部である接続供給の一つに位置づけられています（電気事業法第2条第1項第5号ロ）。自己託送は、いわゆる自家発自家消費の一種という位置づけであるため、発電設備の設置者と電気の供給を受ける者が同一又は親子会社関係にあること等自家発自家消費に準じた「密接な関係」が必要とされています。もっとも、２０２１年の3月10日の電力・ガス基本政策小委員会においては、この「密接な関係」の解釈を拡大する方向性が示されているところです。

具体的には、カーボンニュートラル社会に向け、ＦＩＴ／ＦＩＰ制度に依存しない脱炭素電源の導入を促すと共に、公平性・公正性・需要家保護を確保する観点から、次のいずれもの要件を満たす場合には、「密接な関係」があるとして自己託送の範囲を拡大する方向性が示されているところです。

①ＦＩＴ又はＦＩＰ制度の適用を受けない電源による電気の取引であること

②需要家の要請により、当該需要家の需要に応ずるための専用電源として新設する脱炭素電源による電気の取引であること

③組合の定款等により電気料金の決定方法が明らかになっているなど、需要家の利益を阻害するおそれがないことが認められる組合型の電気の取引であること

④事業規律の確保や小規模電源の全体像の把握といった課題の検討に応じて必要な要件を具備すること

前記③は許可を要する特定供給における「密接な関係」の考え方を参考にしたものと思われます。従来は、グループ会社以外の事業者に対して自己託送を活用して電気を供給するためには、一括受電の議論を参考にして需要場所における受電設備を所有又は管理するといった工夫が必要でしたが、前記のように組合の形態でも認められる方向性が示されています。

また、「自営線を敷設して直接供給する場合」に関しては、本年4月から託送供給等約款の改定により、再エネの導入拡大やレジリエンスの向上等の電気の利用者の利益に資する場合に、一定の条件（※）の下で、「1需要場所複数引込み」や「複数需要場所1引込み」が認められることとなっています。これにより、別需要地の再エネ電力の融通等が可能となり、柔軟な自営線供給が可能となっています。

（※）「社会的経済的に見て不適切であり、供給区域内の電気の使用者の利益を著しく阻害しないこと」、「原需要場所と特例需要場所とで電気的接続を分断すること等により保安上支障がないこと」、「追加で発生する引込線やその他工事費用は原則全額特定負担とすること」等が条件とされています。

今後

カーボンニュートラル社会に向け、FIT／FIP制度に依存しない脱炭素電源の導入を促す仕組みづくりは、今後より一層重要性を増すものと思われます。もっとも、自己託送は、再エネ賦課金の負担が生じないといった点で、小売電気事業者から電気の供給を受ける需要家との間の公平性についても議論があるところです。電力・ガス基本政策小委員会においても、今後自己託送の広がりや実態、ニーズを把握しつつ、必要に応じて再エネ賦課金の負担の在り方について、検討していくこととされています。また自己託送は基本的には自家発自家消費に準じた関係があることが前提となりますので、今回の「密接な関係」の解釈拡大については、本来意図していた範囲を超えているようにも思われます。今後は、小売電気事業者に説明義務等を求めている需要家保護の趣旨や再エネ賦課金の負担の在り方を含め、自己託送の拡大という方向性に留まらないカーボンニュートラル社会の実現に向けたＦＩＴ／ＦＩＰ制度に依存しない脱炭素電源の導入を促す仕組みづくりが求められるものと思われます。

第5節　電気事業とイノベーション

1　平時の電力データの活用

ポイント
・電力データの活用ニーズの高まり
・個人情報の保護への配慮が重要
・エネルギー供給強靭化法により「認定電気使用者情報利用者等協会」をプラットフォームとして電力データの提供が行われる仕組みに

背景

ＩｏＴやＡＩを始めとした情報技術の進展により、スマートメーターから得られる電力使用量等の電力データは、スマートメーターの設置が5182万台（63・7%、2019年3月末時点）を超え、2024年までに全戸・全事業所にまで広がることから、30分単位という随時性を有するビッグデータとして、電力分野をはじめ、他分野においてもその活用可能性が高まっています。

実際に、足元では、統計加工化された電力データの活用や、サンドボックス制度の活用（次の コラム 参照）による実証事業も出現しているところ、今後、こうした活用が急速に進展することが考えられるところです。具体的には、次のような様々な活用ニーズがあるとされています。

・地方公共団体等による防災計画の高度化などの社会的課題の解決

電力使用量に基づき、時間帯別の人口動態を把握することによる、避難所の設置計画や、避難物資の配置計画などの高度な防災計画の立案・策定のほか、空き家対策や、高齢者の見守りサービスの提供などへの活用

・銀行口座開設に当たっての不正防止などの事業者による社会的課題の解決や新たな価値の創造

電力契約情報に基づく金融業の銀行口座の開設に当たっての不正防止、電力使用量に基

コラム　規制のサンドボックス制度を用いた電力データの活用

生産性向上特別措置法（2018年6月6日施行）に基づき、新しい技術やビジネスモデルを用いた事業活動を促進するため、「新技術等実証制度」、いわゆる「規制のサンドボックス制度」が創設されました。この制度は、参加者や期間を限定すること等により、既存の規制の適用を受けることなく、新しい技術等の実証を行うことができる環境を整えることで、迅速な実証を可能とするとともに、実証で得られた情報・資料を活用できるようにして、規制改革を推進する制度です。

この規制のサンドボックス制度を利用して、2019年3月6日、関西電力株式会社と株式会社カウリスが電力設備情報を活用した不正口座開設防止サービスの実証を申請しました。実施期間は同年3月18日～6月30日で、関西電力の供給区域の一部地域を対象として、株式会社セブン銀行がインターネット上で受け付けた口座開設の申請につき、カウリスが提供する既存の不正検知サービスにおいて、関西電力の保有する電力設備情報の一部を活用することで、顧客が提示する申請内容が適正であるかどうかを判定するもので、効果検証後には事業化されています。

同実証においては、前記の情報の提供は、電気事業法に基づく情報の目的外利用の禁止（電気事業法第23条第１項第１号）及び個人情報の第三者提供の禁止（個人情報保護法第23条）いずれにも違反しないという整理がされています。

概要

電気の使用者情報をはじめとした電力データは、その人の生活スタイルを知ることができるものであり、重要な個人情報が含まれます。そのため、電力データの活用に当たっては、消費者保護に万全を期す仕組みづくりが重要となり、情報管理の専門性を持つ中立的な組織が個人の同意の取得又は取消のためのプラットフォームを提供したり、苦情や相談を受け付ける体制等が必要となります。

エネルギー供給強靭化法においては、経済産業大臣が一定の要件を具備した電気の使用者情報を使用する者及び使用者情報を提供する一般送配電事業者等が中立的な組織として設立した一般社団法人を電気の使用者情報を提供する業務等を行う主体として認定し、この認定を受けた一般社団法人が「認定電気使用者情報利用者等協会」（以下「認定協会」）

図27　平時の電力データ活用の全体像

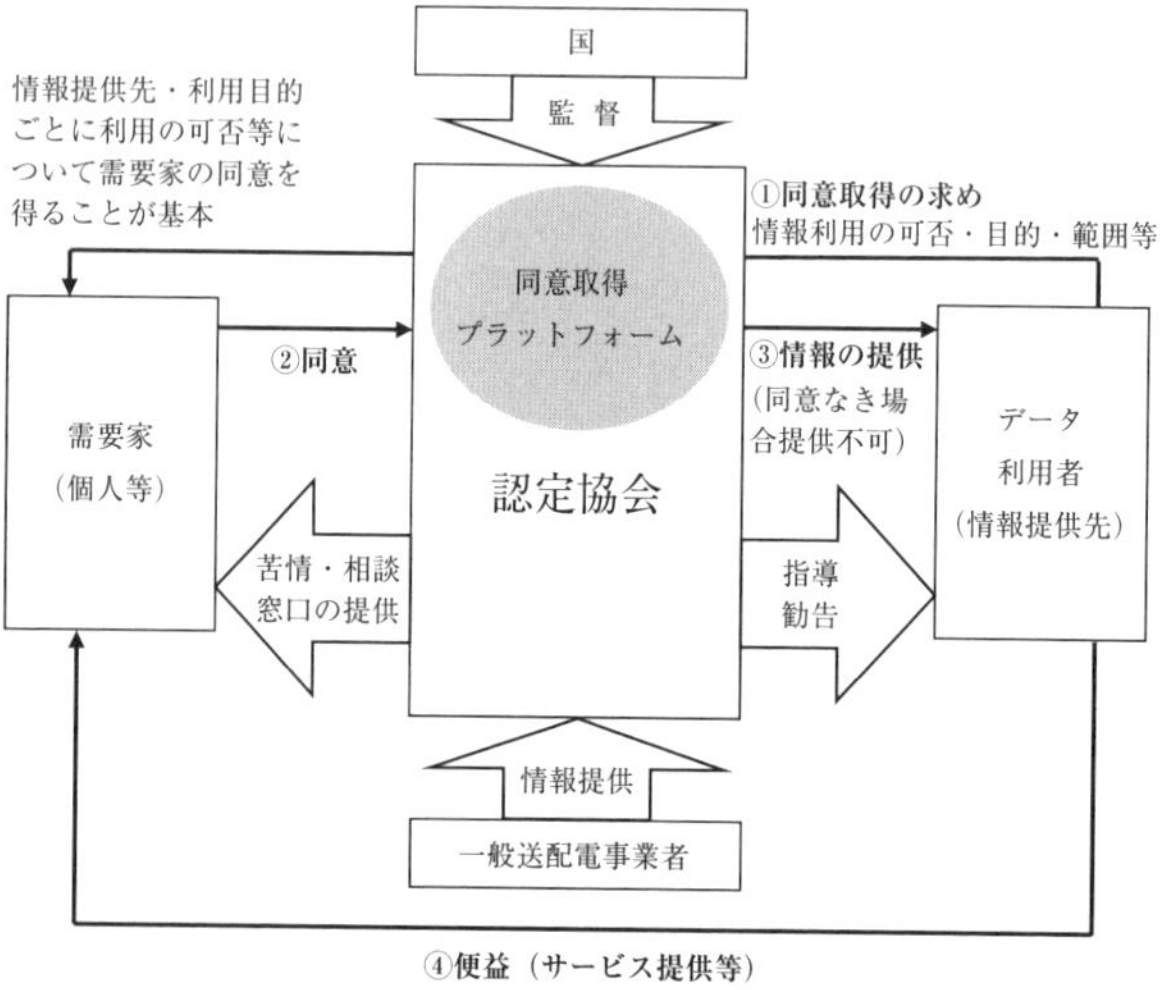

出典：構築小委員会資料

として、前記の各業務を実施することが想定されています。

また、その費用については、受益者負担（情報提供を受ける者の負担）を原則とし、データ提供により得られる収益が必要費用を上回る分については、託送料金の原価から控除することを通じて広く需要家に還元することを基本として検討が進められているところです。

なお、電気の使用者の情報については、電気事業法上、一般送配電事業者等が保有しているものですが、一般送配電事業者等による情報の目的外利用が禁止される託送供給等情報（※）に該当します（電気事業法第23条第１項第１号等）。もっとも、エネルギー供給強靭化法においては、一般送配電事業者等による認定協会に対する電気の使用者の情報提供については、目的外利用の禁止の例外として位置づけられています（２０２２年４月施行後の改正電気事業法第37条の３第１項）。

（※）「託送供給及び電力量調整供給の業務に関して知り得た他の電気供給事業者及び電気の使用者に関する情報」をいいます。

今後

現在は、認定協会の設立についてグリッドデータバンク・ラボ有限責任事業組合の電力データ活用検討委員会（※）において検討が進められていますが、エネルギー供給強靭化法の認定協会に関する規定が施行される２０２２年４月に組織の認定が行われる予定です。

また、２０２３年度より順次、システムを用いたデータ提供の実施を行うことが予定されているところです。電力データの活用についてはニーズが高く、認定協会の設立によって個人情報の取扱いに配慮した合理的な活用が期待されるところです。

（※）グリッドデータバンク・ラボ有限責任事業組合は、２０１８年11月に東京電力パワーグリッド株式会社とNTTデータ株式会社により設立され、2019年3月に関西電力株式会社、中部電力株式会社が出資をしています。このほかの旧一般電気事業者をはじめ、約150社・団体が会員となっています。同組合は、社会貢献・社会問題解決・各業界の産業発展に向け、スマートメーターをはじめとした全国での電力設備データ活用を推進することを目的として設立された組織です。2019年6月の電力・ガス基本政策小委員会において、同組合において電力統計データの利用者と提供者でデータ提供方法の具体化について議論を深めるよう整理されることを受け、電力データ活用検討委員会が発足しました。

同組合は、2021年11月に解散することが予定されており、同委員会の業務は、認定協会となるための一般社団法人が設立された後は同法人に引き継がれることが想定されています。

2　電気計量制度の合理化

ポイント
・電力量の計量は、検定済みの計量器であることが必要

・エネルギー供給強靭化法により正確性・需要家保護の要件を具備した場合、例外を認める「特定計量」制度が制度化
・リソース単位での電力量の計量が可能に

背景

計量法上、電力量を計量する場合は、同法に基づく型式承認又は検定を受けた計量器を使用することが求められています（計量法第16条第1項）。

もっとも、家庭等の太陽光発電や電気自動車などの分散リソースの普及に伴い、リソースごとの出力に応じた取引やネガワット取引など、新たな取引ニーズが出現してきているところです。このような取引に当たっては、受電点ではなく、供給力等を供出リソースごとに、リソースに付随する機器（パワーコンディショナー、ＥＶの充放電設備など）を利用した電力量の計量のニーズが高まっているところです。

概要

前記に記載の再エネ等の分散リソース活用の促進の観点からは、計量法の例外を認める

ことが適切といえます。もっとも、計量法の規制は、適正な計量を確保することで需要家を保護することを目的としていることから、計量法の例外を認めるためには、適切な計量を確保すると共に、需要家を保護するための措置が講じられていることが前提となります。

このため、エネルギー供給強靭化法においては、アグリゲーター等の事業者が、適切な計量の実施を確保し、用いる計量器について需要家への説明を求めることを前提として、事前に取引の届出を行い、その届出を行った取引に限って、計量法の規定の適用除外を設け、計量法に基づかない計量を認めることとされています（2022年4月施行後の改正電気事業法第103条の2。以下、この計量法に基づかない計量を「特定計量」という）。

特定計量の対象となるものは、次のいずれも満たす計量とされていますが、制度の趣旨から、計量法に基づく検定証印等が付されている計量器であって、検定証印等の有効期間を経過しないものを使用する計量は除かれます。

・リソース等の単位で計量対象が特定された計量
・一定の規模（原則500kW未満）の計量

また、特定計量が認められる要件としては、大きく分けて「特定計量に使用する計量器に係る要件」と「特定計量をする者（届出者）に係る要件」の２つがあります。
・特定計量に使用する計量器に係る要件
具体的には、計測精度が確保されていること（公差）、計量値を確認できる構造等の一定の構造を具備していること（構造）、必要な能力・体制を有する者による適切な検査が実施されていること（検査主体・方法）、使用する計量器や取引の性質等に応じて、定期的な点検又は取替え等が実施されていること（使用期間）が求められます。
・特定計量をする者（届出者）に係る要件
具体的には、取引の相手方に書面等を交付し、説明を行うこと（説明責任）、取引の相手方からの苦情及び問合せについては、適切かつ迅速に処理すること、その内容及び改善措置について記録すること（苦情等処理体制）、取引に関する事項について、台帳を作成し、保管をすること（台帳の作成・保管）その他、セキュリティ・改ざん対策の実施、計量データ等の保存等特定計量を適正に遂行するための措置が講じられていること（その他特定計量を適正に遂行するための措置）が求められます。詳細は特定計量制度に係るガイドライン（案）（２０２１年2月××日、特定計量制度及び差分計量に係る検討委員会）をご参照ください。

今後

特定計量制度は、2022年4月に施行されることが予定されており、これにより、分散リソースのより一層の活用が期待されます。

また、現状はリソースごとの調整力の提供は認められていませんが、将来的には、このような小規模の分散型リソースも調整力としての活用も期待されるところです。そのような仕組みづくりが今後進むことが期待されます。

第６節　災害対応力の強化に向けて

１　災害の激甚化に対応する制度

ポイント
・エネルギー供給強靭化法により制度的に措置
・災害対応に終わりはなく、不断の見直しが必要

背景

２０１８年８月の北海道胆振東部地震を原因として、北海道全域にわたる大規模停電（ブラックアウト）が発生したのは記憶に新しいところです。また、２０１８年の台風21号・24号や２０１９年の15号・19号による大規模停電が発生するなど、近時は災害が激甚

化し、それにより電力供給に大きな被害をもたらしているところです。
これらの災害により、情報発信の在り方、電力業界の広域連携の在り方などの課題が明らかになるとともに、電力政策における安定供給の重要性とレジリエンスの高い電力インフラ・システムの在り方について検討することの必要性が改めて認識されることとなりました。

概要

（1）経緯

北海道胆振東部地震を原因とした北海道全域にわたる大規模停電（ブラックアウト）を受けてレジリエンスWGが設置され、その後、電力レジリエンス小委員会が設置されました。

筆者は、いずれの審議会についても委員として議論に参加しましたが、電力の審議会に関して、弁護士が2名、一般の委員として参加するものは珍しいように思われます。明示的に問題となることはありませんでしたが、ブラックアウトの検証などにおいて法的な責任が問題となる可能性が高かったことを受けてのものと思われます。

これらの審議会での議論を経て、構築小委員会が開催され、同委員会での議論を踏まえて、エネルギー供給強靱化法では次のとおり、災害の激甚化に対応した制度が設けられています。

(2) 災害時連携計画

災害等による事故が発生した場合における電気の安定供給を円滑に確保することを目的として、一般送配電事業者が関係機関との連携に関する災害時連携計画を作成し、広域機関を経由して経済産業大臣に届け出ることが義務付けられました（電気事業法第33条の2）。

災害時連携計画において定めることが求められているのは、次の項目となります。

①復旧方法等の共通化に関する事項
②災害時における設備の被害状況その他の復旧に必要な情報の共有方法に関する事項
③電源車の燃料の確保に関する事項
④電気の需給及び電力系統の運用に関する事項
⑤電気事業者、地方公共団体その他の関係機関との連携に関する事項
⑥共同訓練に関する事項

従来、旧一般電気事業者間の連携については、エリアごと（東地域、中地域、西地域）

に幹事会社を置き、連携するスキームが構築されていましたが、北海道胆振東部地震の教訓等を踏まえ、更なる迅速化を図るため一般送配電事業者各社が自発的に応援派遣することが求められています。⑥に関しては、これまで、一般送配電事業者各社において広域的な災害訓練は実施されていませんでしたが、災害時連携計画に基づき、各一般送配電事業者共同での訓練も実施されるようになっており、災害発生時における一般送配電事業者間の応援の円滑化に資する取り組みと評価できます。

（3）相互扶助制度の創設（一般送配電事業者等）

かつては、例えば台風による電力供給の影響は沖縄や九州地域を中心として生じるなど発生する災害は一部の地域の問題として捉えられ、災害復旧費用については、全額各一般送配電事業者のエリアの一般負担（＝託送料金）として整理されていたところです。もっとも、昨今は災害が激甚化・広域化していることから、停電復旧に係る応援の規模・期間が大規模・長期化することに伴うコスト増加に対応するため、災害を全国大の課題として捉えた費用負担制度が創設されました。これを相互扶助制度（**図28**）といいます。

具体的には、平時より各一般送配電事業者が広域機関に対して積立を実施し、災害が生じた場合、一定の基準を満たした災害の対応に要した費用のうち、次の費用を広域機関か

図28　災害復旧費用の相互扶助のイメージ

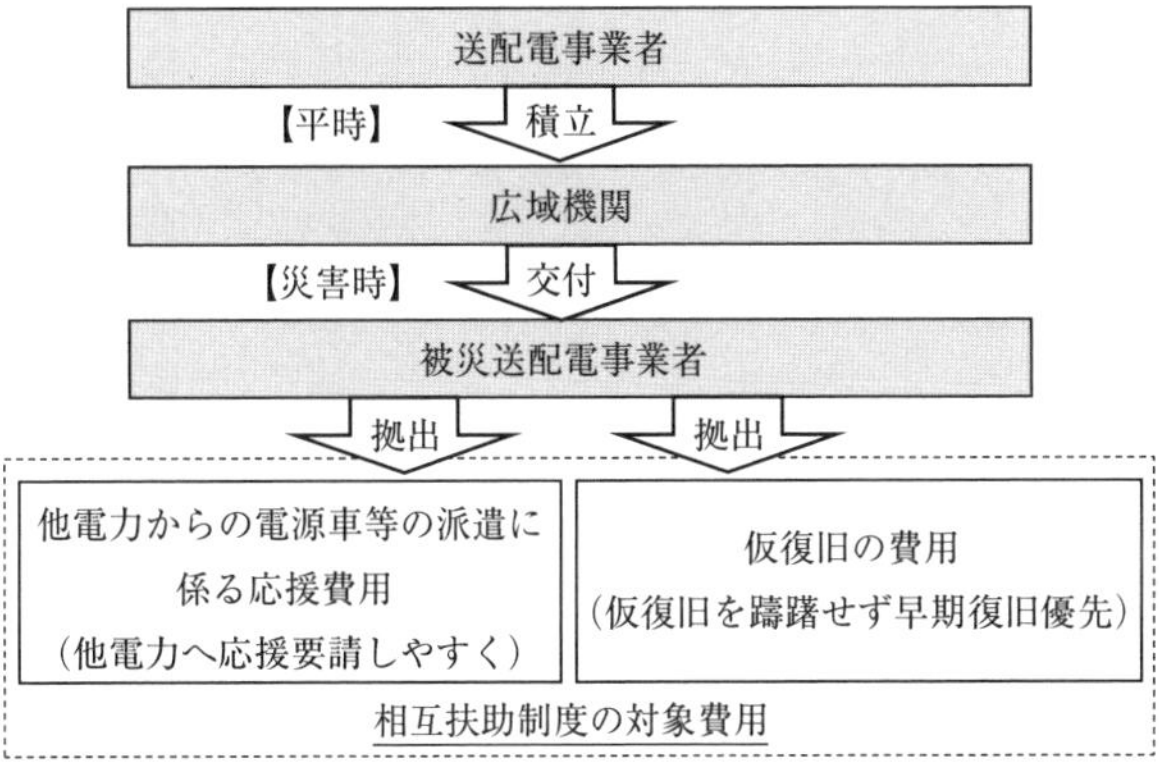

出典：経済産業省ニュースリリース

ら被災した一般送配電事業者に対して支払うこととされています（２０２２年４月施行後の改正電気事業法第28条の40第2項）。なお、モラルハザード防止の観点からは、対象金額の１割を自己負担とすることとされています。

①他電力等からの応援費用

②仮復旧費用（電源車等関連費用、資機材費用のうち、本復旧費用と明確に区別可能なもの及びそれ以外の仮復旧費用のうち、労務費等の仮復旧と本復旧と明確に区別できないものは、停電発生又はピーク比から99％停電復旧日までが対象）

また、相互扶助に係る費用が支払われる一定の基準については、発災前、発災直後又は事後のそれぞれにおいて基準を設けており、それらのいずれかの要件を満たす場合は相互扶助制度の対象となります。例えば、発災前の基準を満たしていれば、結果的に被害が小さい場合でも相互扶助制度の対象となりますので、この制度も一般送配電事業者が自発的に応援派遣することを促す一つの仕組みといえます。

（4）災害時のデータ活用（情報の目的外利用の例外）

台風15号の発災当初の段階で、東京電力から、当該情報の提供は個人情報保護法に抵触する可能性があるとの懸念が示されました。この際には、経済産業省から個人情報保護委員会に照会を行い、今回の災害対応における当該データの提供は、法令違反に当たらないと整理がされました。もっとも、緊急性が求められる災害対応の都度、データ提供の可否の判断が発生することは、復旧作業の迅速化にとって課題にもなりうるところです。

個人情報保護法上は、「法令に基づく場合」は本人の同意を得ずとも第三者へ提供することができるとされていることから、災害復旧や事前の備えに電力データを活用することを目的として、「電気の安定供給の確保に支障が生ずることにより、国民の生命、身体又は財産に重大な被害が生じ、又は生ずるおそれがある緊急の事態への対処又は当該事態の発生の防止のため必要があると認める場合」に経済産業大臣から電力会社に対して、自治体や自衛隊等の関係行政機関に対し個人情報を含む電力データの提供を求める制度を整備しました（電気事業法第34条第1項。第2項）。当該法令上の規定を設けることにより、災害時の円滑なデータ提供が期待されます。

また、この電力データについては、情報の目的外利用が禁止される託送供給等情報（※）に該当する場合が多いところですので、電気事業法上、目的外利用の禁止の例外を設けています（電気事業法第34条第3項）。本来は、想定されている情報の提供も託送供給等業務の一環であるという整理も可能なところですが、迅速な復旧作業を促す観点から明示的に情報の目的外利用の禁止の例外規定を設けたものと思われます。

（※）「託送供給及び電力量調整供給の業務に関して知り得た他の電気供給事業者及び電気の使用者に関する情報」をいいます。

具体的な情報提供の求めに関する考え方としては、法改正後速やかに一般送配電事業者に対して行う「包括要請」と災害等の発生状況に応じて行う「個別要請」があります。前者は、災害発生時は①配電線地図、②通電情報及び③復旧工事計画、災害発生前は配電線地図を対象として、関係行政機関等の長の一般送配電事業者に対する要請に応じて一般送配電事業者が提供することが求められます。後者は、関係行政機関等の長が経済産業大臣へ要請を行い、必要な場合は、経済産業大臣が一般送配電事業者に情報提供の要請をすることが想定されています。

今後

災害時連携計画に関する規定は、エネルギー供給強靭化法の成立直後の2020年7月1日に施行されており、既に最初の災害時連携計画の届出が完了しています。災害への備えは終わりがあるわけではなく、毎年得られた知見を活用して不断に改善していくことが重要といえます。

また、災害が法整備を待ってくれるわけではないため、相互扶助制度に関する規定を2023年4月の託送料金制度改革まで待つことは適切ではありません。そのため、相互扶助制度に関する規定は、託送料金制度改革に先立ち2021年4月1日から施行され、2020年の夏の台風シーズンの災害から適用することとされています。また、災害時のデータ活用に関する規定は、公布日から施行されています。

災害時における電力の安定供給・早期復旧を確保する仕組みについては、倒木等の伐採に関する電気事業法に基づく規定の解釈の明確化や自治体や自衛隊との災害時の連携強化に資する国からの制度周知等レジリエンスWG等において様々な議論が進められました。また、倒木等の伐採の際の一般送配電事業者と自治体との費用負担の在り方など必ずしも明確に整理しきれない問題もあります。激甚化・広域化については、今後も見込まれますし、災害は常に想定外の事態が発生するものであることから、電力の安定供給・早期復旧を確保する仕組みづくりについては、法律レベルに留まらず、今後も不断の検討・見直しが必要となるものと思われます。

２　災害発生時における各電気事業者等の役割・連携の在り方

ポイント
・災害対応は、全ての電気事業者等に求められるもの
・事業者間相互の連携・協力が重要
・競争がより活性化する中では、旧一般電気事業者を中心とする災害対応体制の見直しも

背景

電力システム改革が進展し、発電・小売分野で多様な主体が参加しつつある中、災害の激甚化を踏まえ、電力インフラのレジリエンスを強化する観点からは、多様な事業者間で災害時の役割分担・連携の在り方が重要となります。

概要

（1）電気事業者相互の協調

電気事業法においては、電気事業者等（※）について、「広域的運営による電気の安定供給の確保その他の電気事業の総合的かつ合理的な発達に資するように、相互に協調」する義務が課されており（電気事業法第28条）、それに基づき、非常災害時の停電対応において、電気の安定供給を担う全ての電気事業者等が協調して復旧活動等に従事することが求められるところです。

（※）エネルギー供給強靭化法においては、自家用電気工作物設置者も対象に加わりました。災害時においては、自家発の活用も重要となることを踏まえたものと思われます。

（2）一般送配電事業者とグループの発電・小売電気事業者との円滑な連携

2020年4月に法的分離が実施されましたが、法的分離によって、災害時の対応に支障が生じるのは、あってはならないことです。そのため、電気事業法においては、一般送配電事業者のグループの発電・小売電気事業者（以下「特定関係事業者」）又はその子会社等に対する業務委託のうち、「災害その他非常の場合におけるやむを得ない一時的な委託」については、行為規制の例外として認められることが示されているところです（電気事業法第23条第３項、同施行規則第33条の９第１号）。

この「やむを得ない一時的な委託」については、適取ＧＬにおいて次のような場合が該当することが明確にされています。併せて、災害等緊急時において一般送配電事業者のグループ内の一体的体制を機能させるため、平時において、一般送配電事業者がその特定関係事業者又は当該特定関係事業者の子会社等と災害等緊急時に係る訓練や情報共有等を実施することは妨げられないことも明確にされています（適取ＧＬ第二部Ⅳ２⑵-１⑧56頁）。

①電気の供給支障に至っていないものの供給設備や発電設備等の障害により供給支障に至るおそれがあるとき又は台風の上陸前など供給支障が生ずることが予測できるときなどにおいて、災害等緊急時の備えとして、その特定関係事業者又は当該特定関係事業者の子会社等に災害対応準備業務を委託する場合

②停電受付等のコールセンター業務、リエゾン派遣又は物資支援活動など、災害等緊急時の一般送配電事業者による復旧業務をその特定関係事業者又は当該特定関係事業者の子会社等に委託する場合

③災害等緊急時に、一般送配電事業者による復旧業務における意思決定又は指揮監督を、当該一般送配電事業者を支援するその特定関係事業者たる親会社等の長等へ委託する場合

なお、③は、災害等緊急時において、災害等の規模が大きい場合、一般送配電事業者と特定関係事業者が一体となって災害対策本部を組織し、特定関係事業者である親会社が意思決定や指揮監督を実施することを念頭に置いたものと思われます。もっとも、この場合でも、必ずしも特定関係事業者たる親会社等へ意思決定を委託することが求められるものではなく、一体として災害対策本部を組織しつつも親会社の意思決定を踏まえて、一般送配電事業者として意思決定をすることが妨げられるものではないと思われます。

以上のような法令上の手当てや適取ＧＬにおける解釈の明確化等により、災害時における円滑な連携が確保されることが期待されます。

（3）一般送配電事業者と自家発事業者との連携

北海道胆振東部地震においては、法的強制力のない政府からの要請に基づき自家発電の

焚き増し等を実施し、供給力の回復に一定の貢献がなされたところです。

一方で、緊急時の焚き増し等の費用精算については、一般送配電事業者と自家発事業者が協議の上で事後精算する形が取られました。そのため、今後、その費用の合理性を担保し、自家発事業者との手続を迅速化するため、インバランス料金との整合性を図りながら、合理的な精算が行われる仕組みを検討することが必要となっています。

この問題は、北海道胆振東部地震の際のレジリエンスＷＧにおいて取り上げられており、筆者も同ＷＧにおいて、自家発事業者とあらかじめ契約をすることや精算に関する基本的な考え方を国として示すことなどが重要である旨の発言をしていました。もっとも、同様の問題は、２０２０年度冬の需給逼迫時においても発生しており、未だ一般送配電事業者において必要な対応がなされているとはいい難いところです。

今後は、透明性・迅速性確保の観点から、一般送配電事業者において、緊急時における自家発電設備の稼働要請について、事前に契約をしておく、又は約款等の規程類を整備するなど、その運用・精算に関するルールを整備することが必要であり、必要に応じて国においても精算に関する基本的な考え方を示すことが重要と思われます。

（4）再エネ事業者におけるグリッドコード等の遵守

再エネ（太陽光・風力等）については、広域機関において、大規模電源脱落等による周波数低下時の一斉解列を避けるため、周波数変動に伴う解列の整定値等の見直しが行われました。これを受けて、「電力品質確保に係る系統連系技術要件ガイドライン」が2019年10月に改正され、「系統連系技術要件（託送供給等約款 別冊）」の変更を認可し、2020年4月に適用が開始されています。併せて、2019年4月に広域機関において整理された整定値見直しの方向性を踏まえ、一般送配電事業者による既連系発電設備（太陽光、風力等）に対する働きかけが行われているところです。

また、現在広域機関において、今後の再エネ主力電源化に向けて、グリッドコードの整備に関する具体的な検討が進められているところですが、このような取り組みもレジリエンス強化の観点からは重要な取り組みといえます。

再エネ事業者においては、これらのグリッドコード等を遵守することが求められます。

（5）小売電気事業者の役割について

小売電気事業者については、小売営業GL上、送電線の切断など、送配電設備の要因で停電していることが明らかな場合には、一般送配電事業者がホームページ等を通じて提供する情報を用いて、小売電気事業者が需要家からの問合せに対応すること、及び一般送配電事業者は小売電気事業者に対して、停電情報をホームページ等を通じて適時に提供することが望ましいとされており、小売電気事業者は需要家の相談に一切応じなかったり、一般送配電事業者の連絡先を需要家に伝えないこと等は、小売電気事業者が電気事業法上負う苦情等の処理義務に違反する可能性があるとして、業務改善勧告等の対象となる問題となる行為とされています（小売営業ＧＬ４(2)ア49頁）。また、原因が不明な停電への対応については、小売電気事業者は、停電の状況に応じて需要家に対して適切な助言を行うとともに（ブレーカーの操作方法の案内等）、それでも解決しない場合には原因を特定するために一般送配電事業者や電気工事店などの適切な連絡先を紹介することが望ましいとされています（小売営業ＧＬ４(2)イ49、50頁）。

このように、小売電気事業者は、需要家から問合せがあった場合は、自らが旧一般電気事業者か、新電力かに関わらず、適切な対応を実施することが求められるところです。

もっとも、一連の災害時においては、停電原因や復旧見込みといった需要家が必要とする情報について、その発信元である一般送配電事業者がアクセス過多によるサーバーダウン等により、適切に小売電気事業者に情報の提供を行うことが困難な状況となり、一般送配電事業者から需要家や小売電気事業者に対し、必要とする情報をこれらの者にプッシュ型で発信することの重要性が認識されることとなりました。サーバーダウンへの対策については既に実施されていますが、これを受けて、スマートフォンアプリ等を用いたプッシュ型の情報発信が開始されています。すなわち、需要家や小売電気事業者がアプリをスマートフォンに登録することにより、一般送配電事業者から停電が発生・復旧した場合に自動的にお知らせ（プッシュ通知）の受信が行われ、停電の発生状況をマップ上に表示することで、視覚的にも確認が可能となりました。

併せて、小売営業ＧＬにおいては昨今の災害の激甚化を踏まえて、災害対応は一般送配電事業者及び一般送配電事業者のグループの発電・小売電気事業者のみならず、エリアの電力供給を担う全ての電気事業者が協調して実施することが必要である旨が明確化されています。そして、こうした災害時連携の観点から、例えば、一般送配電事業者から停電復旧が長期化するエリアの地方自治体からの要望に基づく要請を受けた場合に、ポータブル発電機、電動車等を保有する小売電気事業者は、余力の範囲内で、当該地方自治体へ貸出し等を行うことが望ましい行為とされているところです（小売営業ＧＬ６56頁）。

今後

災害時の対応は、災害が発生した区域の一般送配電事業者とその特定関係事業者等が中心となって行っていきます。この状況は当面は続くものと思われますが、今後自由化がより一層進展していく中においては、特定関係事業者だけではなく、新電力である小売電気事業者等を含めた災害時の体制づくりも求められるものと思われます。

おわりに

　本書については、昨年秋頃から進めてきましたが、電気新聞メディア事業局の佐藤輝課長をはじめとする電気新聞の皆様には、途中私の作業の大幅な遅滞にも関わらず、辛抱強く待っていただき、また、急激なペースアップをした際にも多大なサポートをしていただきました。皆様のご尽力・サポートがなければ本書が日の目をみることはなかったと思います。心より感謝いたします。

　最後に、いつも仕事で平日・休日問わず迷惑をかけているにも関わらず、執筆を許してくれ、全面的に協力をしてくれた妻には心から感謝します。また、休日、仕事や執筆のため遊べないときも「頑張って！」と応援してくれた可愛い三人の子供にも心から感謝します。本当にありがとう。

電気事業《でんきじぎょう》のいま Over view 2021

2021年 6月15日　初版第1刷発行
2021年 8月 2日　初版第2刷発行
2022年11月23日　初版第3刷発行

著　者　市村《いちむら》　拓斗《たくと》
発行者　間庭　正弘
発　行　一般社団法人日本電気協会新聞部
〒100-0006　東京都千代田区有楽町1-7-1
TEL　03-3211-1555　FAX　03-3212-6155
https://www.denkishimbun.com
印刷所　株式会社太平印刷社

ISBN978-4-905217-91-6　C3234